ABHANDLUNGEN DER DEUTSCHEN AKADEMIE
DER WISSENSCHAFTEN ZU BERLIN

Klasse für Mathematik, Physik und Technik
Jahrgang 1960 Nr. 6

H. A. RATHSACK und ELLINOR RAUTENBERG

UNTERSUCHUNGEN AN SCHIFFSANSTRICHEN

TEIL II

Mit 21 Abbildungen und 11 Tabellen

AKADEMIE-VERLAG · BERLIN

1960

Vorgelegt von Hrn. Rompe in der Klassensitzung vom 24. März 1960
Zum Druck genehmigt am gleichen Tage, ausgegeben am 25. Oktober 1960

Erschienen im Akademie-Verlag GmbH, Berlin W 1, Leipziger Straße 3–4
Lizenz-Nr. 202 · 100/753/60

Gesamtherstellung: Druckhaus „Maxim Gorki", Altenburg
Bestellnummer: 2001/60/I/6
Preis: DM 8,–
Printed in Germany
ES 20 M

INHALTSVERZEICHNIS

Zur Einführung 5

A. Physikalisch-chemischer Teil 7

I. Einleitung 7

II. Die Pigmente 7

III. Die Anstriche 9

IV. Die Antifoulingwirkung auf waagerechten Platten 10

V. Das Kreiden 13

VI. Die Antifoulingwirkung auf senkrechten Platten 16

VII. Zinkkonzentrationen an der Anstrichoberfläche 17

VIII. Untersuchungen am Zinkoxyd 20

1. Röntgenographische Messungen 20

2. p_H-Werte der wäßrigen Auszüge 20

3. Katalytische und photochemische Aktivität des Zinkoxyds 21

a) Katalytische Aktivität 23

b) Photochemische Aktivität 24

4. Benetzungswärme 26

5. Fluoreszenz und Spektralanalyse 26

IX. Diskussion 28

1. Antifoulingwirkung — Kreiden 28

2. Partikelgröße — Kreiden 28

3. Gittereigenschaften des ZnO 29

4. Energieübertragungsmechanismus 30

Literaturverzeichnis 32

B. Biologischer Teil 34

I. Versuchsserie 1957 34

1. Bewuchs neutraler Kontrollplatten 34

2. Bewuchs der Vinoflexreihe 36

3. Vergleich mit den Bewuchsgesellschaften aus dem Firth of Clyde 39

4. Unterseiten der Vinoflexreihe 41

5. Bewuchs der Colophonium-Alpexreihe 42

6. Unterseiten der Colophonium-Alpexreihe 43

II. Versuchsserie 1958 43
1. Bewuchs der zinkhaltigen Anstriche 43
2. Bewuchs vergifteter Kontrollanstriche 47
a) Einfluß des Expositionstermins 48
b) Selektive Besiedlung 49
Schwermetallverbindungen 49
Organische Antifoulings 50
Bootslacke 51
c) Einfluß der Versuchsanordnung und Zusammenfassung 51

Literaturverzeichnis 54

ZUR EINFÜHRUNG

Die Untersuchung an Schiffsanstrichen, über die im folgenden berichtet wird, bildet die Fortsetzung früherer Arbeiten, die wir im Jahrgang 1958 der „Abhandlungen" veröffentlichten. Wir hatten seinerzeit besonders den selektiven Farbeffekt untersucht und dabei den wesentlich wahrscheinlicheren Helligkeitseffekt herausstellen können. Er beeinflußte nicht nur Bewuchsfolge und -stärke, sondern, in Abhängigkeit von den Pigmenten, auch die Zusammensetzung der Aufwuchsgemeinschaften. Im übrigen war deutlich geworden, daß Zinkpigmente auf den Bewuchs einen überraschend starken Einfluß ausübten, der seinerseits mit einer durch Licht ausgelösten Reaktion in Zusammenhang gebracht werden konnte. Ein solcher photolytischer Vorgang ließ sich besonders deutlich demonstrieren, wenn man waagerecht ausgelegte Versuchsplatten einige Monate nach der Exposition um 180° drehte. Auf den nun dem Licht zugekehrten Seiten setzte eine merkliche Giftwirkung ein, die zuvor in der lichtabgewandten Lage nicht zu beobachten gewesen war. Als Pigmentsubstanz hatte für diese Versuche Zinksulfid gedient. Trotz verschiedener Vorbehandlung dieser Verbindung konnte über die eigentliche Ursache der lichtausgelösten Reaktion keine gesicherte Aussage gemacht werden. Ähnliche Versuche werden in der vorliegenden Arbeit wiederholt und unter Hinzuziehung anderer Zinkverbindungen wesentlich erweitert.

Dabei erwies es sich als wünschenswert, den Bewuchs so unter Symbolen oder Zahlenbezeichnungen zusammenzufassen, daß damit sowohl die quantitative Beziehung als auch die charakteristische Bewuchszusammensetzung übersichtlich und eindeutig erfaßt werden konnte. Überdies erlauben solche Bezeichnungen einen raschen und bequemen Vergleich mit den Ergebnissen anderer Forschungsstellen, sofern es gelingen würde, ihnen Allgemeingültigkeit zu verschaffen. Im biologischen Teil wurden die angedeuteten Möglichkeiten ausführlich behandelt.

Die vorliegende Arbeit ist das Ergebnis der Versuchsjahre 1957 und 1958. Da sich die Standortbedingungen an der Versuchsstelle nicht geändert hatten, verweisen wir auf den vorhin zitierten ersten Teil unserer Untersuchungen, wo hierüber eine ausführliche Beschreibung zu finden ist. Die Versuchsdurchführung wird nur beschrieben, wenn sie gegenüber der früheren verändert worden war.

Im ersten Abschnitt der vorliegenden Arbeit werden die physikalisch-chemischen Probleme behandelt, im zweiten die biologischen. Hier sind auch genaue Angaben über den Bewuchsverlauf und seine Zusammensetzung zu finden, im chemischen Teil wird lediglich die Wirksamkeit des Antifoulinganstrichs beschrieben.

Während somit die Eigenschaften der Pigmente und die biologischen Fragen ausführlich behandelt werden, kommen die rein lacktechnischen Probleme ein wenig zu kurz, obwohl sie einen wesentlichen Teil der Arbeit ausmachten. Die Wahl eines geeigneten Bindemittels, die optimale Pigmentkonzentration, Auftragsstärke usw. sind Voraussetzung für das Gelingen der Versuche. Dabei bewährte sich wiederum die Zusammenarbeit mit der Farbenfabrik Wolfen und der Lack- und Lackkunstharzfabrik Magdeburg. Die Fachleute dieser Firmen, insbesondere die Herren BIELE, Dr. KLUTH, MERTINEIT und SIEDENTOPF, stellten uns ihre reiche Erfahrung zur Verfügung, wofür ihnen auch an dieser Stelle ein besonderer Dank ausgesprochen werden soll. Unsere technischen Mitarbeiter waren wiederum die Herren Herbert und Hans-Joachim BEYER sowie Herr TREDUP, deren praktische Kenntnisse uns bei der Errichtung und Erhaltung des Versuchsstandes außerordentlich zu Nutze kamen. Auch ihnen gilt unser Dank.

A. PHYSIKALISCH-CHEMISCHER TEIL

Hanns A. Rathsack

I. Einleitung

Im physikalisch-chemischen Abschnitt dieser Arbeit werden Untersuchungen beschrieben, die wir mit dem Ziel anstellten, ein Zinkoxyd mit möglichst großer Antifoulingwirkung zu entwickeln. Wir mußten dabei sehr bald feststellen, daß wir ein außerordentlich vielseitiges Problem angeschnitten hatten. Die ersten, noch rein empirischen Versuche zeigten schon, welch große Rolle der Vorbehandlung des Pigments zukam, und wie fein der Anstrich auf unterschiedliche Zinkoxydprodukte ansprach. Um von der Empirie zu exakten wissenschaftlichen Aussagen zu kommen, genügten Antifoulingteste, wie wir sie im ersten Teil unserer Untersuchungen [1] anstellten, nicht mehr. Wir mußten Röntgen- und Funkenspektren, katalytische und photochemische Aktivitäten, Fluoreszenz und Benetzungswärme untersuchen; sie alle zusammen führten erst zur Erkenntnis, daß das Gitter des Oxyds der entscheidende Faktor zu sein scheint. Es fehlt immer noch ein zuverlässiger biologischer Kurztest für die Antifoulingwirkung, deshalb ist man nach wir vor auf den natürlichen Bewuchszyklus an Freiwasserständen angewiesen, und es vergeht jedesmal ein ganzes Jahr, bevor die Ergebnisse in einer neuen Testserie verwendet werden können. Dieser Umstand macht die Entwicklung neuer Schiffsanstriche zu einer Zeitfrage.

Mit der Herstellung eines aktiven Pigments ist die Aufgabe aber noch nicht gelöst; denn auch die Pigmentkonzentration, das Bindemittel usw. greifen in die Reaktion ein. In Bewitterungstesten ist ein Zusammenhang zwischen Aktivität des Pigments und Bindemittel, äußerlich als Kreidungstendenz sichtbar, oft festgestellt worden. Aus der Fülle der Arbeiten wollen wir nur WINTER und WHITTEM [2], MORLEY-SMITH [3], [4], HÄBERLING [5] sowie HUGHES [6] und RISCHBIETH [7], [8], [9] zitieren. Aber alle diese Untersuchungen an Zinkoxyd beschränken sich auf Bewitterungsteste. Auf Unterwasserfarben sind die Gedankengänge merkwürdigerweise nie angewendet worden. Das mag einerseits daran liegen, daß die fundamentale Wechselbeziehung Licht-Antifoulingwirkung nicht erkannt wurde. Zum anderen gleichen sich auch nur die Prinzipien. Die Nutzanwendung aus diesen Ergebnissen und die Entwicklung der Unterwasserpigmente muß natürlich eine ganz andere Richtung nehmen, wobei teilweise solche Eigenschaften des Pigments zu fördern sind, die im Bewitterungstest zum Versagen des Anstrichs führen. Wir haben speziell diesem Fragenkomplex gründliche Untersuchungen gewidmet, deren erste Ergebnisse wir hier wiedergeben. Über andere Entwicklungen werden wir später im Journal of the Oil and Colour Chemists' Association berichten.

II. Die Pigmente

Gelegentlich einiger Versuche mit Lithopone hatten wir schon in einer früheren Arbeit feststellen können, daß das Zinksulfid in seiner Antifoulingwirkung hinter dem Zinkoxyd zurückbleibt. Es ließ sich auch durch thermische Vorbehandlung nicht aktivieren [1]. Wir setzten es aber trotzdem noch einmal ein, um nämlich zu untersuchen, ob zwischen der Fluoreszenz des Pigments und seiner bewuchsverhindernden Wirkung Zusammenhänge bestehen. Für das Oxyd findet man in der Literatur bisweilen Vermutungen dieser Art. Es wurden verglichen: ein reines, bei 1000°C geglühtes ZnS mit deutlicher Fluoreszenz, das gleiche Sulfid mit zugesetztem Aktivator (Cu) und schließlich noch ein Sulfid, dessen Fluoreszenz durch Zusatz von Co ausgelöscht worden war. Mit diesen 3 Pigmenten schlossen wir unsere Untersuchungen über Zinksulfid als Antifouling ab.

Bei der Suche nach anderen schwerlöslichen Zinkverbindungen stießen wir auf den Silikat. Seine Antifoulingwirkung wurde in einer der noch zu beschreibenden Testreihen ebenfalls geprüft.

Alle bisher beschriebenen Pigmente dienten aber nur zur Abrundung früherer Arbeiten. Unser Hauptinteresse galt jetzt dem Zinkoxyd. Die Pigmente dieser Reihe wurden vom gleichen Ausgangsprodukt hergestellt, einem Oxyd, das in seiner Reinheit etwa den Anforderungen des DAB 6 entsprach. Es wurde unbehandelt und nach Tempern unter verschiedenen Bedingungen und bei verschiedenen Temperaturen eingesetzt. Effekte der Vorbehandlung auf die Antifoulingwirkung ließen sich so ohne weiteres erkennen. Wie wir später sehen werden, spielt die Glühtemperatur eine große Rolle.

Wir hatten schon früher beobachtet, daß zwischen Licht und Antifoulingwirkung eine Wechselbeziehung besteht. Es lag nun die Annahme nahe, daß in dem durch Licht ausgelösten photochemischen Prozeß aus dem Oxyd vermehrt Zink frei wird, welches seinerseits Eiweiß zu fällen vermag und somit die sessilen Organismen vergiftet. Dieser Vorgang läßt sich möglicherweise fördern, wenn man dem Oxyd gleich einen Zinküberschuß zusetzt. Dafür gibt es zwei Möglichkeiten, die wir beide prüften: Verreiben mit Zinkstaub oder Reduktion bei hohen Temperaturen. Die letzte Operation bringt den Vorteil einer sehr feinen Zinkverteilung im Oxyd mit sich. Glühtemperatur und -zeit bestimmen den Gehalt an metallischem Zink. Man muß aber einen wesentlichen Unterschied zwischen diesen beiden Metall-Oxydmischungen beachten. Im Falle der Zinkstaubbeimischung liegt ein einfaches Gemisch vor, beim anreduzierten Produkt ist dies nur zum Teil der Fall. Daneben wird durch die reduzierende Wirkung des Wasserstoffs bei hohen Temperaturen auch die stöchiometrische Zusammensetzung des Oxyds im Sinne eines Zinküberschusses im Gitter verändert. Bei der Präparation von ZnO-Leuchtstoffen verfährt man ähnlich [10].

Im folgenden noch einige Einzelheiten zu den Darstellungen der Pigmente. Das Zinksulfid wurde nach bekannten Methoden aus gepufferter $ZnSO_4$-Lösung mit H_2S gefällt, gewaschen und getrocknet. Ein Teil dieses Präparates wurde gleich im Muffelofen unter Stickstoffstrom 1 Stunde bei 1000°C geglüht (Pigment H). Dem übrigen Sulfid wurde vor dem Glühen noch 0,01% $CuSO_4$ als Aktivator [11] bzw. 0,05% $Co(NO_3)_2$ als Killer zugesetzt. Diese beiden Pigmente sind mit den Buchstaben I und K bezeichnet. Das Zinksilikat (Pigment L) läßt sich in guter Ausbeute aus $ZnSO_4$ und Na_2SiO_3 herstellen [11]. Die Substanz wurde getrocknet und 2 Stunden auf 1000°C geglüht. Man erhält ein lockeres, leicht graues Pulver.

Die übrigen Pigmente gehören zur ZnO-Reihe: unbehandeltes Oxyd als C, dasselbe Produkt unter Luftzutritt im Muffelofen 1 Stunde bei 1000°C geglüht als B, bei 700°C als A. Eine 5%ige Mischung mit Zinkstaub wird mit D bezeichnet. Das Glühen unter Wasserstoffstrom erfolgte so, daß in einem langen Rohrofen ZnO in einer dünnen und gleichmäßigen Schicht eingetragen wurde. Nach Verdrängen der Luft brachten wir die Ofentemperatur auf 600°C (E), 700°C (F) und 1000°C (G). Für die Dauer des Glühens stand das Produkt unter einem gleichmäßigen H_2-Strom. Für den Gehalt an metallischem Zink im Oxyd spielt neben der Höhe der Temperatur auch die Glühzeit noch eine Rolle. Sie betrug bein Pigment E 2 Stunden, F 4 Stunden und G ebenfalls 4 Stunden. Längere Behandlung führte schon zu kompakten

Metallstücken im Oxyd. Die drei zuletzt genannten Pigmente unterschieden sich schon rein äußerlich von den anderen. Sie waren alle stark vergraut. In der Tabelle und der Versuchsbeschreibung bezeichnen wir sie zur Unterscheidung von den übrigen als ZnO + [Zn].

III. Die Anstriche

Die Serie der 12 Pigmente wurde nun von der Lackfabrik Magdeburg und der Farbenfabrik Wolfen zu einem Antifoulinganstrich verarbeitet und auf Testplatten aufgetragen. Diese waren zuvor mit einem in der Praxis üblichen Untergrund versehen worden; zusammen mit dem Antifoulinganstrich 3 Grundierungen und 2 Deckanstriche. Die Schichtdicke des gesamten Anstrichs war ebenfalls den praktischen Geflogenheiten angeglichen und betrug 150—200 μ.

Zu den Bindemitteln und den Pigmentkonzentrationen müssen wir noch einige Bemerkungen machen. Beide Faktoren bestimmen natürlich auch die Wirksamkeit des Anstrichs, wobei das Bindemittel sogar in den Ablauf des photochemischen Prozesses eingreifen kann. Nach außen erscheint dies dann als mehr oder weniger ausgeprägte Kreidungstendenz.

In den Versuchen, die wir hier beschreiben wollen, verwendeten wir zwei verschiedene Bindemittel, ein kreidendes und ein nichtkreidendes: Colophonium-Alpex und Vinoflex PC-Lacke. Jedes Pigment war mit mehreren Anstrichen in jeder Bindemittelreihe vertreten. Neben der relativen Abstufung der Pigmente untereinander nach ihrer Antifoulingwirkung, die sich innerhalb jeder Reihe ablesen ließ, ergab der Vergleich beider Reihen miteinander den zusätzlichen Effekt des Bindemittels. Die Colophonium-Alpexreihe wird in der Versuchsbeschreibung mit großen Buchstaben bezeichnet, die Vinoflexreihe zum Unterschied dazu mit Zahlen (vgl. Tabelle 1).

Die Colophonium-Alpexreihe ließ wegen der starken Kreidung des Anstrichs keine großen Pigmentkonzentrationsvariationen zu. Für solche Untersuchungen war die Vinoflexreihe geeigneter. Wir variierten den Pigmentanteil über 3 Stufen: 1; 1,3; 1,5, wenn man den Anteil Bindemittel + Weichmacher gleich 1 setzt. In der Numerierung der Vinoflexanstriche wurde so verfahren, daß bei jedem der 12 Pigmente mit den beiden ersten Zahlen das Pigmentierungsverhältnis 1:1 bezeichnet wird; mit den nächsten das Verhältnis 1,3:1 und mit den beiden letzten das von 1,5:1.

Als Beispiel das Pigment ZnO 700°:

Nr. 49 u. 50	1	Tl.	Pigment	auf 1	Tl.	Bindemittel	+ Weichmacher
,, 51 u. 52	1,3	,,	,,	,, 1	,,	,,	,,
,, 53 u. 54	1,5	,,	..	,, 1	,,	,,	,,

Alles in allem wurde also jedes Pigment viermal getestet: mit Colophonium-Alpex als Bindemittel einmal und mit Vinoflex PC-Lack in 3 verschiedenen Pigmentierungsverhältnissen. Wenn sich die Pigmente in ihren Antifoulingeigenschaften unterscheiden, so mußten wir am Ende des Versuchs eine solche Abstufung mehr oder weniger ausgeprägt in jeder der 4 Reihen beobachten. Um auch den Bewuchs registrieren zu können, der sich am Standort einstellt, wenn überhaupt keine Antifoulingwirkung vorhanden ist, setzten wir außer unseren Zinkverbindungen noch einige zinkfreie Pigmente ein, die nachweislich keine Giftstoffe abgeben: Chromoxydgrün und Eisenoxydrot. Mit einem Titandioxydanstrich schließlich hatten wir noch Testplatten zur Verfügung, die keine Giftwirkung hatten, aber in ihrer Helligkeit dem Zinkoxyd entsprachen. Zur Übersicht fassen wir die Pigmente, Vorbehandlungen und Zusätze noch einmal tabellarisch zusammen:

Tabelle 1. Versuchsreihe 1957

Pigment	Bezeichnung in der Colophonium-Alpex-reihe	Bezeichnung in der Vinoflexreihe	Glüh-temperatur	Glüh-dauer	Zusatz
ZnO	A	49–54	700°	1 h	—
ZnO	B	55–60	1000°	1 h	—
ZnO	C	61–66	—	—	—
ZnO	D	43–46, 95, 96	700°	1 h	5% Zinkstaub
ZnO + [Zn]	E	25–30	600°	2 h	Zn durch Red.
ZnO + [Zn]	F	31–36	700°	4 h	Zn durch Red.
ZnO + [Zn]	G	37–42	1000°	4 h	Zn durch Red.
ZnS	H	1–6	1000°	1 h	—
ZnS	I	7–12	1000°	1 h	0,01% Cu als Sulfat
ZnS	K	13–18	1000°	1 h	0,05% Co als Nitrat
$ZnSiO_3$	L	19–24	1000°	2 h	—
TiO_2	T	67–72	—	—	—
Chromoxydgrün	—	73–78	—	—	—
Eisenoxydrot	—	79–84	—	—	—

Die Versuchsplatten hatten die Abmessung 18 × 24 cm und wurden, wie schon früher beschrieben, waagerecht in einer Tiefe bis zu 1 m ausgelegt.

Im Versuchsjahr 1958 wurden folgende Pigmente eingesetzt:

Tabelle 2. Versuchsreihe 1958

Pigment	Bezeichnung in der Colophonium-Alpex-reihe	Bezeichnung in der Vinoflexreihe	Glüh-temperatur	Glüh-dauer	Zusatz
ZnO	A1–A4	82–85	650°	1 h	—
ZnO	B1–B4	86–89	1000°	1 h	—

Jetzt hatten die Platten die Größe 18 × 50 cm. Sie wurden senkrecht ausgelegt, je 4 immer untereinander (vgl. Abb. 21), so daß insgesamt 4 senkrechte Reihen entstanden. Mit dieser Anordnung konnten wir die Antifoulingwirkung des jeweils eingesetzten Pigments von der Wasserlinie bis hinab zu 2 m Tiefe verfolgen. Die Pigmentierung wurde konstant gehalten. Die Numierung gibt hier die Wassertiefe für die exponierten Platten an, sie wächst mit der Zahl. Als Beispiel der mit ZnO 650° pigmentierte Anstrich:

A 1 und 82 = 0–0,5 m
A 2 und 83 = 0,5–1 m
A 3 und 84 = 1–1,5 m
A 4 und 85 = 1,5–2 m

IV. Die Antifoulingwirkung auf waagerechten Platten

7 Monate lagen unsere Anstriche am Hiddenseer Versuchsstand im Wasser. Während dieser Zeit wurden Zustand der Platten und Bewuchs in regelmäßigen Abständen kontrolliert. Der Verlauf der Besiedlung und die Zusammensetzung der Bewuchsorganismen werden im biologischen Teil ausführlich beschrieben. An dieser Stelle interessieren uns nur physikalisch-

chemische und technische Belange. Wir wollen deshalb nur feststellen, ob und in welchem Maße Antifoulingeffekte aufgetreten waren. Wir legen dabei den Zustand zugrunde, in dem sich die Testplatten zum Versuchsende, im November, befanden.

Der Bewuchs hatte sehr unterschiedlich auf die verschiedenen Anstriche reagiert. In der Vinoflexreihe trat die differenzierte Antifoulingwirkung besonders deutlich hervor. Hier waren alle Anstriche noch in einem einwandfreien Zustand, so daß unsere Untersuchungen nicht durch Risse, Blasenbildung oder andere mechanische Schäden beeinträchtigt wurden. Die Verhältnisse in der Colophonium-Alpexreihe erschienen zunächst komplizierter. Schuld daran war die starke Kreidungstendenz verschiedener Anstriche, die in einigen Fällen zur Abnutzung der Deckschicht führte. Wir kommen hierauf noch zurück und wollen zuerst über die Vinoflexanstriche berichten. Die graphische Darstellung gibt mit der Ordinate die Bewuchsstärke auf den Plattenoberseiten in willkürlich gewählten Einheiten wieder. Auf der Abszisse sind die Plattennummern und die Pigmente eingetragen (Abb. 1).

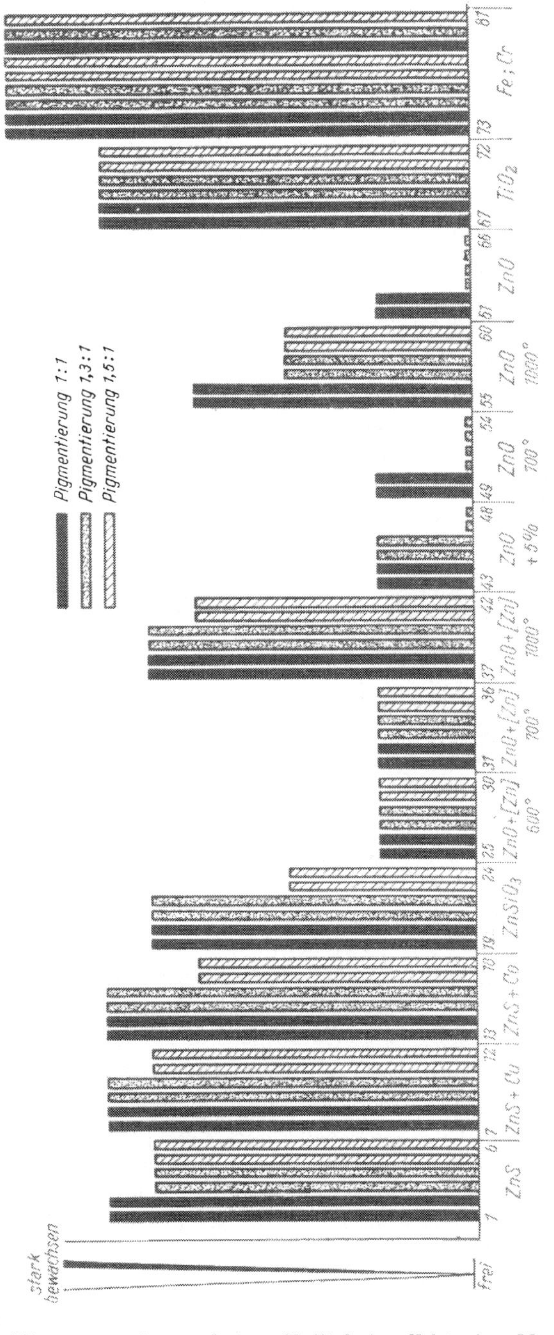

Abb. 1. Die Antifoulingwirkung in der Vinoflexreihe

Die zinkfreien Anstriche mit Chromoxydgrün und Eisenoxydrot als Pigment waren dicht bewachsen. Wegen der fehlenden Antifoulingwirkung bilden sie für unsere Einstufung also sozusagen den Nullpunkt. Einen zweiten Bezugspunkt findet man bei den TiO_2-Anstrichen; sie waren alle etwas weniger besiedelt worden. Dieser Unterschied gegenüber den anderen zinkfreien Pigmenten ist auf den Helligkeitseffekt des Untergrundes zurückzuführen. Helle Anstriche werden, wie wir schon früher feststellen konnten, immer etwas weniger besiedelt. Zinkanstriche also, deren Besiedlungsdichte mit der des TiO_2 zu vergleichen ist, haben demnach keine Antifoulingeigenschaften, sondern wirken nur auf Grund ihrer Farbhelligkeit. Das trifft schon für die Sulfide zu. Wenn auch die höchste Pigmentierung besser ausfiel, so war doch der Bewuchs noch immer so stark, daß von einer merklichen Antifoulingwirkung nicht die Rede sein kann. Beim Sulfid besteht auch kein Zusammenhang zwischen Fluoreszenz und Bewuchsverhinderung, weder ein Aktivator noch ein Killer veränderte das Bild merklich. Damit scheidet es für unsere weiteren Betrachtungen aus. Ähnlich verhielt sich das Silikat. Seine Antifoulingwirkung ist so gering, daß es für eine praktische Verwendung nicht in Frage kommt.

Sehr aufschlußreich sind dagegen die Ergebnisse mit den Zinkoxydplatten. Wir finden hier nicht nur eine starke Differenzierung der Antifoulingeigenschaften, sondern erkennen auch den entscheidenden Einfluß der Pigmentkonzentration. Sehen wir einmal von der 1000°-Probe ab und vergleichen bei den anderen Oxyden nur die Pigmentierungen im Verhältnis 1 : 1, so ist hier noch gar kein Unterschied festzustellen. Dieser tritt erst bei den Konzentrationen 1,3 : 1 oder 1,5 : 1 auf (Abb. 2 und 3). Mit anderen Worten können bei zu schwachen Pigmentierungen wirksame Antifoulings übersehen werden und umgekehrt bringt es keine wirtschaftlichen Vorteile, wirksame Pigmente in größeren Mengen einzusetzen, wenn der gleiche Effekt schon mit geringeren erreicht wird.

In der Zinkoxydreihe erkennen wir sehr überzeugend den Einfluß der Pigmentvorbehandlung auf die Antifoulingeigenschaften. Alle Oxyde hatten eine gemeinsame Ausgangssubstanz, das Zinkoxyd der Platten 61—66. Ein Tempern bei 700° (Nr. 49—54) veränderte die Wirksamkeit noch nicht. Beide Substanzen haben schon bei der niedrigsten Pigmentierung eine sehr starke Antifoulingwirkung (Abb. 1), bei höherer Pigmentierung sind sie frei von jedem Bewuchs (Abb. 3). Diese beiden Anstriche waren also mit großem Abstand die besten. Eine Zugabe von Zinkstaub zum Pigment veränderte das Bild schon etwas (Nr. 43—48); hier wird die optimale Wirkung erst bei der höchsten Pigmentierung erreicht. Sie ist als um ein Geringes abgeschwächt worden. Damit stimmt das Ergebnis auf den Platten 25—36 überein. Diese mit anreduziertem Oxyd versehenen Anstriche haben zwar auch eine starke Wirkung auf den Bewuchs, aber die Ausgangssubstanz wurde nicht verbessert, selbst die höchste Konzentration bleibt nicht bewuchsfrei. Wir können daran mit aller Deutlichkeit erkennen, daß ein Zusatz von metallischem Zink, weder in grober Mischung noch als Überschuß im Gitter, keine Verbesserung bringt. Das ist für uns von großer Wichtigkeit. Es stand bisher nicht fest, ob in der Wechselbeziehung Licht — Pigment — Antifoulingwirkung metallisches Zink eine fördernde Rolle spielt. Nun können wir diese Möglichkeit ausschließen. Der zur Antifoulingwirkung führende photochemische Prozeß ist also nicht mit dem Verhalten des Zinksulfids zu vergleichen, das ja bei UV-Bestrahlung durch Zinkabscheidung an der Oberfläche geschwärzt wird. Diese Reaktion hier nimmt einen anderen Verlauf. Trotzdem schließt dieses Ergebnis nicht aus, daß durch Licht freies Zink gebildet wird. Nur hat es andere Eigenschaften und läßt sich nicht durch Zinkbeimischungen ersetzen. Das Zink könnte auch vermehrt in Ionenform frei werden; oder in den Reaktionsmechanismus muß das Bindemittel mit einbezogen werden. Dann wäre das Zinkoxyd nur Energieüberträger zwischen Licht und Bindemittel. Es regt das mehr oder weniger starke Kreiden an und bildet an der Anstrichoberfläche lose Partikeln, die ihrerseits wieder leichter vom Meerwasser angegriffen werden können. In diesem Teil der Reaktion wird dann auch die Zinkkonzentration der „laminaren Zone“ erhöht, so daß die Antifoulingwirksamkeit eine Sekundärreaktion des vom Licht eingeleiteten Prozesses wird.

So gesehen ist es natürlich verständlich, warum eine Vorbehandlung des Pigments die Antifoulingeigenschaften beeinflußt. Die 1000°-Proben sind dafür ein beredtes Beispiel. Gegenüber den 700°-Oxyden ist ihre Wirkung so weit zurückgegangen, daß sie dem Bereich der Sulfide nahekommen (Abb. 4). Zieht man davon noch die Wirkung ab, die sie allein schon auf Grund ihrer Farbhelligkeit haben, dann bleibt von einer Antifoulingeigenschaft des Pigments nicht mehr viel übrig. Dies trifft besonders für das anreduzierte Produkt zu,

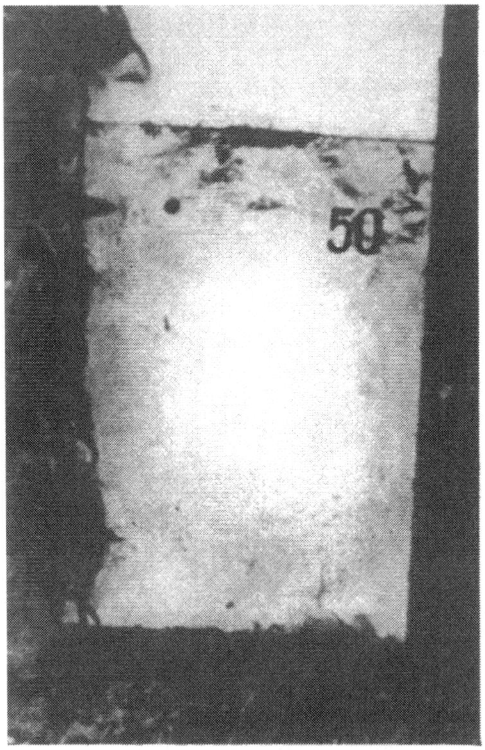

Abb. 2. ZnO 700°. Pigmentkonzentration 1:1

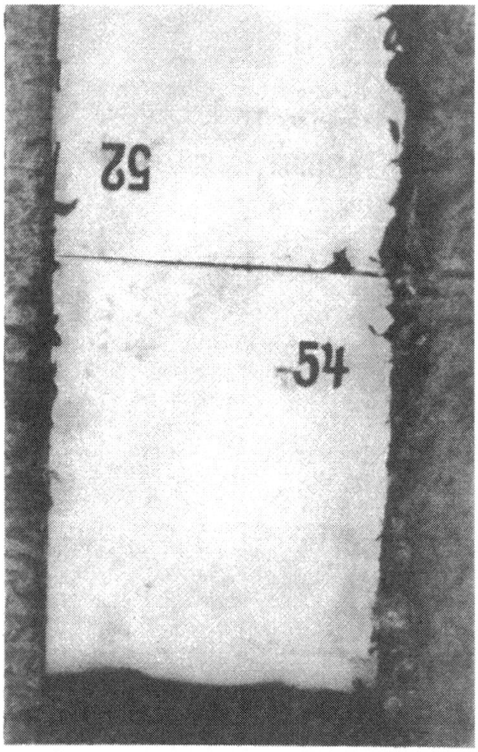

Abb. 3. ZnO 700°. Pigmentkonzentration 1,5:1

Abb. 4. ZnO 1000°. Pigmentkonzentration 1:1

das somit gegenüber dem nicht reduzierten ZnO 1000° wieder die gleiche Abstufung zeigt, wie wir sie schon bei den 700°-Oxyden beobachten konnten. Auch das etwas bessere ZnO 1000° ist nicht als wirksames Antifouling anzusehen. Selbst die höchste Pigmentierung ist noch so unwirksam, daß sich tierische und pflanzliche Siedler festsetzen konnten.

Wir werden die Folgerungen aus unseren Versuchsergebnissen in der abschließenden Diskussion ziehen. Wir wollen hier noch einmal das wesentliche zusammenfassen. Die Oxyde mit offensichtlich stöchiometrischer Zusammensetzung schnitten am vorteilhaftesten ab. Offen bleibt die Frage, ob das Gitter vollständig und ohne Fehlstellen aufgebaut sein muß. Ein Zinküberschuß, sowohl im Gitter als auch in Form einer Mischung, ist auf alle Fälle zu vermeiden, das beweisen die Versuche mit anreduzierten Oxyden und einem Gemisch von Zinkstaub und Zinkoxyd. Ferner erkennt man, daß zwischen den Temperaturen 700° und 1000°C eine Reaktion abläuft, die die Antifoulingwirkung entscheidend beeinflußt. Oxyde, die nach dem Erhitzen auf 700° eine vorzügliche Antifoulingwirkung zeigten, hatten nach dem Tempern unter gleichen Bedingungen, aber bei 1000°, den größten Teil ihrer Wirkung eingebüßt.

Diese Versuche weisen noch eindeutiger als die mit anreduziertem Oxyd darauf hin, daß wir uns mit den Gittereigenschaften des eingesetzten Oxyds beschäftigen müssen. Die 700°- und 1000°-Oxyde waren vor dem Tempern identisch, während des Temperns konnte keine chemische Umsetzung eintreten, es bleibt nur die Annahme, daß das Gitter verändert wurde. Tatsächlich sind auch die Temperaturen dieser Größenordnung in der Lage, das Gitter anzuregen. In der Leuchtstoffchemie sind viele solche Reaktionen bekannt.

Wahrscheinlich muß auch das Bindemittel in dem photochemischen Reaktionsmechanismus mit berücksichtigt werden. Über diesen letzten Punkt geben uns die übrigen, noch nicht beschriebenen Resultate einige Aufschlüsse.

V. Das Kreiden

Die Colophonium-Alpexreihe fiel zum Versuchsende anders aus als die Vinoflexreihe (Abb. 5). Hier waren zwar die gleichen Pigmente eingesetzt worden, aber das Bindemittel begünstigte, wie alle Colophoniummischungen, einen langsamen Abbau des Anstrichs. Deshalb kreideten auch alle Anstriche; interessanterweise war aber dieser Vorgang abhängig

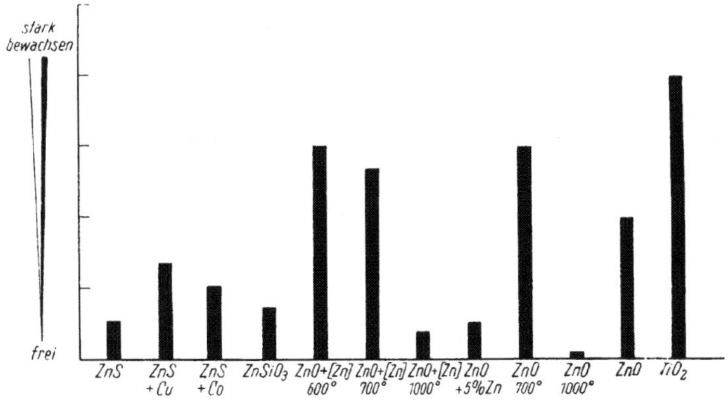

Abb. 5. Die Antifoulingwirkung in der Colophonium-Alpexreihe

von der physikalischen Beschaffenheit der Zinkoxyde. Der Kreidungsprozeß kann, wenn er auf ein technisch vertretbares Maß gehalten wird, für einen Unterwasseranstrich von Vorteil sein. Die Anstrichoberfläche wird ständig erneuert, die sogenannte laminare Zone kann ihre Zinkverluste nach außen ständig von innen aus einer Oberfläche gleichbleibender ZnO-Konzentration ergänzen. Dieser Vorgang endet erst, wenn der Deckanstrich so dünn geworden ist, daß er zusammenbricht. Dann hört jede Antifoulingwirkung auf und der Schiffsboden bewächst binnen kurzer Zeit. Bei den Vinoflex-PC-Lacken lagen die Verhältnisse anders. Nach dem Auslaugen der Grenzschicht bestimmte, als langsamster Teilschritt, die Zinknachlieferung aus tieferen Schichten durch Diffusion die Antifoulingwirkung an der Oberfläche. Eine Beschleunigung des Prozesses durch Erneuerung der Oberfläche war bei den nichtkreidenden Vinoflexlacken unmöglich.

Mit diesen Überlegungen ist es nun nicht verwunderlich, daß die Colophoniumanstriche allesamt eine lange Zeit bewuchsfrei blieben, viel länger als die Vinoflexreihe. Erst im Spätsommer war dann eine relative Abstufung zu beobachten, wie sie etwa der Vinoflexreihe entsprach, wenn die Besiedlung allgemein auch viel schwächer blieb. Im Herbst änderte sich das Bild aber vollkommen. Bei Versuchsende waren die sonst so wirksamen 600°- und 700°-Produkte bewachsen, die 1000°-Oxyde dagegen nicht. Dieselbe Beobachtung konnten wir bei den anreduzierten Oxyden machen. Auch hier war das ZnO + [Zn] 1000° frei, ZnO + [Zn] 600° und ZnO + [Zn] 700° bewachsen. Das Kreiden hatte die Antifoulingwirkung so verstärkt, daß selbst alle Sulfide und das Silikat nur schwachen Bewuchs aufwiesen. Für den Fall des Silikats ließ sich sogar ganz deutlich nachweisen, daß allein das Kreiden seine, nach den Ergebnissen in der Vinoflexreihe doch sehr überraschende Antifoulingwirkung hervorgerufen hatte. Unsere Magdeburger Mitarbeiter hatten nämlich in einer Testreihe das gleiche Silikat einmal mit Colophonium-Alpex und einmal mit einem Mischpolymerisat als Bindemittel verarbeitet. Der erste Anstrich war fast bewuchsfrei, der zweite, stabilere, ebenso stark bewachsen wie der entsprechende Vinoflexanstrich (Abb. 6).

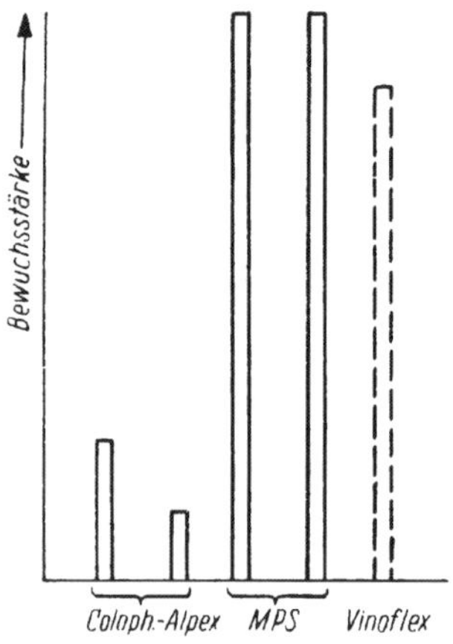

Abb. 6. Einfluß des Bindemittels auf die Antifoulingwirkung (nach einer Versuchsreihe der Lackfabrik Magdeburg)

Das Kreiden kann natürlich nur im Sinne einer Bewuchsverhinderung wirken, wenn mit ihm Stoffe von der Bindemittelumhüllung befreit werden, die eine Giftwirkung ausüben können. Das Abstoßen der lockeren Schicht und die ständige Reproduktion einer neuen Oberfläche wirken allein noch keineswegs bewuchsabweisend, etwa deshalb, weil die Keime mit den Anstrichpartikeln weggeführt werden. Beim Titandioxyd zum Beispiel war ebenfalls Mischpolymerisat und Colophonium-Alpex verwendet worden. Beide Anstriche waren trotz ihrer ungleichen Kreidungstendenz ohne Unterschied stark bewachsen.

Die Umkehrung der Antifoulingwerte in der Colophonium-Alpexreihe zeigt darüber hinaus, daß man sich ein kreidendes Bindemittel nicht einfach als einen Verstärker für eine vorhandene Wirkung der Pigmente vorstellen darf. Wenn das Zusammenwirken so übersichtlich wäre, hätten wir zwar allgemein eine größere Aktivität beobachten müssen, aber die relative Abstufung dürfte sich gegenüber den nicht kreidenden Anstrichen nicht verändert haben; denn die Pigmente waren ja dieselben geblieben. Statt dessen zeigt aber unser Experiment, daß auch zwischen der Aktivität des Pigments und dem Bindemittel eine Wechselbeziehung bestehen muß. Wir hatten weiter oben schon auf die Möglichkeit, das Bindemittel in den Reaktionsmechanismus einzubeziehen, hingewiesen. Diese Ansicht erhält nun eine experimentelle Stütze. Aus der graphischen Darstellung lassen sich die Zusammenhänge leicht ablesen:

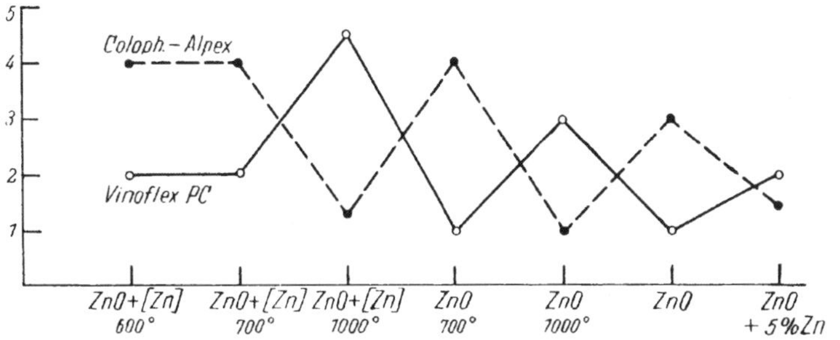

Abb. 7. Antifoulingwirkung kreidender und nichtkreidender Zinkoxydanstriche

Setzen wir voraus, daß die Vinoflexreihe die von Begleiterscheinungen unbeeinträchtigte Antifoulingwirkung der Pigmente wiedergab. Die Colophonium-Alpexreihe erweitert nun unsere Erkenntnisse, indem sie zeigt, daß die photochemische Aktivität der Pigmente auch das Kreiden beeinflußt. Solange die Antifoulingdeckschicht der vermehrten Beanspruchung standhielt, waren keine Unterschiede in der Bewuchsstärke zu beobachten. Alle Anstriche blieben fast frei. Es stellte sich aber bald heraus, daß nicht alle Anstriche die gleiche Kreidungstendenz hatten. Die aktiven Pigmente induzierten einen sehr viel rascheren Abbau. So ist es denn auch zu erklären, daß die Anstriche ZnO + [Zn] 600°, ZnO + [Zn] 700° und ZnO 700° schließlich erschöpft waren und zusammenbrachen.

Der Anstrich ZnO hielt ein wenig länger Stand, dann war aber auch er verbraucht. Alle diese Lacke begannen abzublättern, bildeten Risse und ließen sich durch Druck leicht abwischen. Nicht dagegen die 1000°-Oxyde. Sie kreideten merklich schwächer und waren zum Versuchsende noch in einem einwandfreien Zustand.

Wir müssen an dieser Stelle noch auf einen Unterschied zwischen den beiden Bindemittelreihen aufmerksam machen. Bei den Vinoflexanstrichen war für beide Deckschichten die Antifoulingkomposition verwendet worden. Die Colophonium-Alpexanstriche dagegen hatten nur eine Antifouling-Deckschicht, darunter befand sich eine andere Deckschicht ohne bewuchshemmende Eigenschaften. Insofern führte also das Kreiden schon nach einer Saison zum Zusammenbruch. Dieser Effekt war in unseren Versuchen durchaus erwünscht, weil wir dadurch schon am Ende eines Versuchsjahres zu verwertbaren Ergebnissen kamen. Wir betonen diesen Unterschied besonders, weil wir nicht den Eindruck erwecken wollen, daß das Kreiden nur Nachteile mit sich bringt und deshalb etwa ausgeschaltet werden sollte. Wir neigen in dem wohlbekannten Meinungsstreit, ob ein Unterwasseranstrich kreiden soll oder nicht, durchaus zu der Ansicht, daß eine gewisse Kreidungstendenz vorteilhaft ist. Durch Wahl der Bindemittel und, wie wir jetzt erkannt haben, auch durch eine geeignete Vorbehandlung des Pigments hat man es ohne weiteres in der Hand, die Kreidungstendenz zu steuern. Bei den 600°- und 700°-Pigmenten, anreduziert oder nicht, war das Optimum überschritten, der Abbau war zu schnell vor sich gegangen. Tempern auf 1000° dagegen bremste die Kreidungstendenz auf ein vertretbares und günstiges Maß. Und selbst die Reduktion machte sich hier bemerkbar: Das Pigment ZnO + [Zn] 1000° war ein wenig schlechter als ZnO 1000°. Beide lagen, im Gegensatz zu den anderen Oxyden, noch im Bereich ansteigender Antifoulingwirkung. Deshalb schnitt das nach der Vinoflexreihe aktivere ZnO 1000° besser ab. Es förderte durch seine größere photochemische Aktivität das Kreiden und damit die Antifoulingwirkung etwas mehr als das nicht stöchiometrische Oxyd ZnO + [Zn] 1000°.

Alle Pigmente zeigen übereinstimmend, daß eine erhöhte photochemische Aktivität auch das Kreiden verstärkt. Sehr aktive Pigmente können dabei den Zusammenbruch der Anstriche induzieren. Mithin ist eine enge Beziehung zwischen Pigment und Bindemittel im photochemischen Reaktionsmechanismus nicht mehr zu übersehen. Wir kommen damit zum Begriff „accelerated oxidizing", der von Winter und Whittem [2] bereits für eine ähnliche Erscheinung geprägt wurde. In der Diskussion wollen wir die physikalischen Ursachen noch weiter erläutern. Dazu brauchen wir aber noch die Ergebnisse des Versuchsjahres 1958. Sie erweitern unsere Kenntnisse gerade auf diesem Gebiete noch um einige wichtige Beobachtungen.

VI. Die Antifoulingwirkung auf senkrechten Platten

Bislang hatten wir eine Serie von Pigmenten mit sehr unterschiedlicher photochemischer Aktivität durch die waagerechte Anbringung der Platten der gleichen Lichtintensität ausgesetzt. Je nach Aktivität oder Absorptionsvermögen der Pigmente wurde durch die gleiche Lichtenergie eine verschieden starke Wirkung auf Kreiden und Bewuchs ausgeübt. Jetzt hielten wir umgekehrt die Aktivität der Pigmente konstant und variierten die Lichtintensität, indem wir eine senkrechte Versuchsanordnung wählten, wobei ein Anstrich über mehrere Platten von der Wasseroberfläche bis zur Tiefe von 2 m hinab reichte (Abb. 21 im biologischen Teil). Das Ergebnis bringen wir wieder in graphischer Darstellung (Abb. 8). Bedingt durch die unterschiedliche Kreidungstendenz waren die Vinoflexanstriche wiederum etwas stärker besiedelt als die Colophonium-Alpexreihe. Neu ist nun, daß die Antifoulingwirkung mit zunehmender Wassertiefe nachließ. Das aktivere Pigment A (ZnO 650°) wurde davon nicht so sehr betroffen; es war auch in 2 m Tiefe noch lichtempfindlich genug, um die Plattenflächen freizuhalten. An der vom Rahmen beschatteten Oberkante der Platten war der Vorteil der größeren Lichtempfindlichkeit aufgehoben. Hier trat dann auch Bewuchs auf. Beim Pigment B (ZnO 1000°) reichte aber schon in 1 m Wassertiefe die Lichtintensität nicht mehr aus, die zur Antifoulingwirkung führende Reaktion auszulösen, die Platte B_3 zeigte das deutlich. B_4 (1,50—2 m) war entsprechend noch reichlicher besiedelt worden. Deshalb zeigten die untersten Platten am deutlichsten die Aktivierungsunterschiede, besonders instruktiv deshalb, weil immer eine 650°-Probe mit einer 1000°-Probe in einem Rahmen nebeneinander angebracht war (Abb. 9).

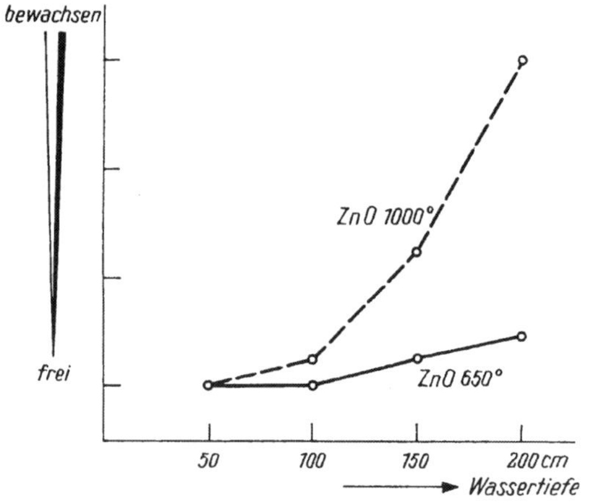

Abb. 8. Abnahme der Antifoulingwirkung mit der Wassertiefe

Diese Versuchsserie ließ noch weitere Zusammenhänge zwischen Licht und Antifoulingwirkung erkennen. Die Rahmen standen in Ost-West-Richtung, so daß die Plattenober-

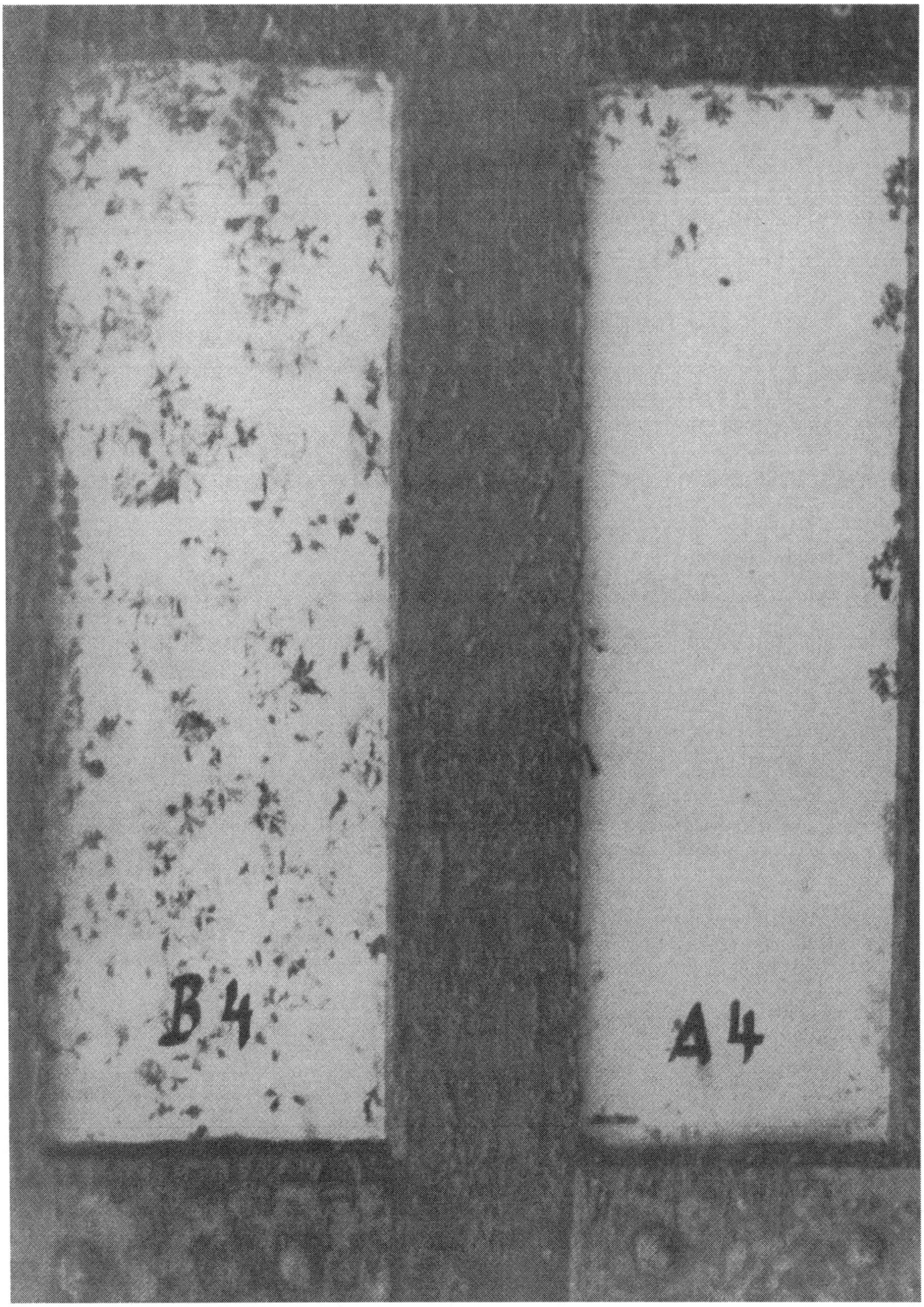

Abb. 9. Nordseite der Colophonium-Alpexanstriche in 2 m Tiefe, Schattenwirkung an den Rändern. (A_4 = ZnO 650°; B_4 = ZnO 1000°)

Abb. 10. Südseite der Vinoflexanstriche in 2 m Tiefe (85 = ZnO 650°, 89 = ZnO 1000°)

Abb. 11. Nordseite der Vinoflexanstriche in 2 m Tiefe (85 = ZnO 650°; 89 = ZnO 1000°)

flächen nach Norden und Süden zeigten. Bei dieser Aufstellung waren die Südseiten natürlich einer größeren Lichtintensität ausgesetzt als die Nordseiten. Folglich war dort auch eine verstärkte Anregung des Prozesses zu erwarten. In der Tat waren die Südseiten auch deutlich schwächer besiedelt. Dieser Effekt war auf den Vinoflexanstrichen am ausgeprägtesten (Abb. 10 und 11). Diese waren wegen der ausgeschalteten Kreidung überhaupt dann immer von Vorteil, wenn sehr feine Unterschiede gezeigt werden sollten. Die Versuchsserie wird im biologischen Teil noch ausführlicher beschrieben. Wir wollen hier nur vorwegnehmen, daß die Abstufung nicht etwa eine Erscheinung wiedergibt, wie sie sich auch ohne Antifouling ausgebildet hätte. Im Gegenteil werden nämlich sonst Südflächen stärker besiedelt und der Algenbewuchs nimmt, wie man an jedem Schiff sehen kann, von oben nach unten ab. Durch den photochemischen Prozeß war diese natürliche Folge umgedreht worden.

Fassen wir alle Ergebnisse noch einmal zusammen:

1. Die Lichtintensität nimmt mit der Wassertiefe ab, entsprechend läßt auch die Antifoulingwirkung nach.

2. Das weniger aktive ZnO wird hiervon zuerst betroffen, von 1 m Wassertiefe an wird es besiedelt. ZnO 650° ist auch in 2 m Tiefe noch frei.

3. Die Beschattung der Platten durch den massiven Rahmen hebt an den Rändern die Unterschiede auf. Von 1 m Tiefe an sind die oberen Plattenkanten des 650°-ZnO-Anstrichs ebenso bewachsen wie der 1000°-Anstrich insgesamt.

4. Der Lichteinfall auf der Südseite der Platten ist stärker als auf der Nordseite. Die Antifoulingwirkung war deshalb auf der Südseite stärker, obwohl normalerweise diese Seite von pflanzlichen Besiedlern bevorzugt wird.

5. Bei gleichen ZnO-Pigmenten ist die Antifoulingwirkung auf der Oberseite waagerechter Platten größer als auf senkrechten, weil durch den günstigeren Einfallswinkel mehr Licht absorbiert und in Antifoulingwirkung und Kreidung umgesetzt wird.

Im folgenden wollen wir Zinkkonzentrationsbestimmungen an der Anstrichoberfläche beschreiben, die unsere bisherigen Ergebnisse voll unterstützen.

VII. Zinkkonzentrationen an der Anstrichoberfläche

An der Oberfläche eines festen Körpers, der von einer Flüssigkeit umströmt wird, bildet sich wegen der Adhäsion eine Grenzschicht. In ihr besteht senkrecht zur Oberfläche ein Geschwindigkeitsgefälle, welches um so größer ist, je dünner die Grenzschicht wird; besonders groß also im Wasser als einer Flüssigkeit geringer Viskosität. Eine solche Grenzschicht befindet sich auch entlang des Schiffskörpers auf der Anstrichoberfläche. Nach außen wird sie durch die turbulente Strömungszone begrenzt, die mit der Schiffslänge vom Bug zum Heck an Breite zunimmt. Die Dicke der Adhäsions-Grenzschicht ist rechnerisch nur annäherungsweise zu erfassen. An einer glatten Oberfläche wird sie bei normalen Schiffsgeschwindigkeiten größenordnungsmäßig zwischen 10^{-1} und 10^{-2} mm liegen. Neben Geschwindigkeit und Länge des Schiffes spielt dabei die kinematische Zähigkeit des Wassers eine Rolle. Das Wasser in der Grenzschicht befindet sich gegenüber der Schiffswand nicht im Ruhezustand, wie Ragg [12] meint, aber die Strömung wird stark gebremst. Hinzu kommt noch, daß es in der Praxis keine glatten Flächen gibt. Der Schiffsboden ist von Narben, Zunder und anderen Unebenheiten überzogen, ganz abgesehen von Schweißnähten und Nietköpfen, die alle die Grenzschicht durchbrechen und in die turbulente Zone hineinragen. Diese Faktoren sind es deshalb in erster Linie, die die Dicke der Schicht bestimmen. Das Vorhandensein der Grenzschicht ist für die Antifoulingwirkung von entscheidender Bedeutung; denn die vom Anstrich abgegebenen Gifte können nur solange den Bewuchs verhindern, wie sie in dieser Zone festgehalten werden. Sowie sie in die turbulente Strömung geraten, gehen sie verloren. Sie müssen dann durch Diffusion oder Kreiden wieder ergänzt werden. An herausragenden Stellen ist deshalb auch der Antifoulinganstrich zuerst erschöpft.

Die Bestimmung der Giftkonzentration an der Anstrichoberfläche ist recht problematisch. Man kann annehmen, daß die Grenzschicht nach dem Herausnehmen der Versuchsplatte aus dem Wasser und Abtropfenlassen an der Oberfläche haften bleibt. Es bereitet nun zwar keine Schwierigkeiten, die Elemente oder Verbindungen quantitativ nachzuweisen; aber es gibt keine exakte Methode, wirklich nur die Mengen zu erfassen, die sich in der Grenzschicht befinden. Man kann sie mit destilliertem Wasser abspritzen oder mit zinkfreiem Filtrierpapier aufnehmen [12]. In jedem Falle wird es nicht zu vermeiden sein, daß auch lose Partikeln des Anstrichs, besonders bei einem kreidenden, erfaßt werden. Dadurch erhält man bei der quantitativen Bestimmung zu hohe Werte. Unseren im folgenden wiedergegebenen Messungen sind also keine absoluten Maßstäbe anzulegen. Für unsere Untersuchungen ist dies aber nicht entscheidend; denn uns interessieren nur die relativen Beziehungen.

Zur Entnahme der Analysenproben wurden die Platten aus dem Wasser genommen, leicht abgeschwenkt und dann eine Teilfläche mit einem bei allen Messungen gleich großen Stück Filtrierpapier gleichmäßig und glatt bedeckt. Nach kurzer Zeit war die am Anstrich haftende Grenzschicht aufgesaugt. Das Zink wurde dem Papier durch mehrmaliges Extrahieren im Erlenmeyerkolben mit filtriertem Seewasser wieder entzogen, die Lösung in einen 1000 ml-Meßkolben filtriert und mit Seewasser bis zur Marke aufgefüllt. In einem aliquoten Teil dieser Lösung wurde die Zinkkonzentration photometrisch nach der Mischfarbenmethode von Kortüm und Finck [13] mittels Dithizon bestimmt. Störende Fremdionen, die im Meerwasser immer vorhanden sind, ließen sich durch Verwendung eines Tarngemisches nach Fischer [14] ausschalten. Die an sich schon im Meerwasser vorhandenen Zinkionen konnten dadurch eliminiert werden, daß die Analysenlösung gegen eine Vergleichslösung zur Messung gebracht wurde, die durch Dithizonextraktion einer gleichen

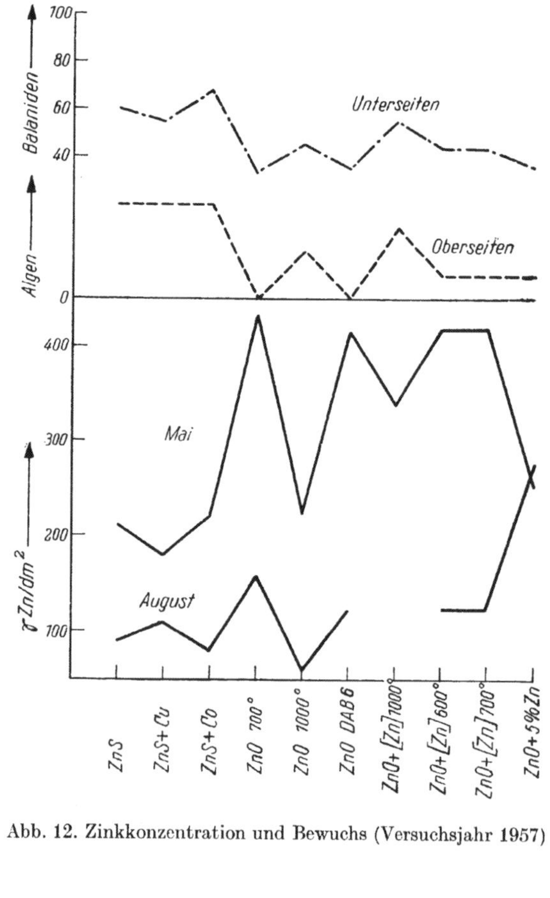

Abb. 12. Zinkkonzentration und Bewuchs (Versuchsjahr 1957)

Menge Seewassers dargestellt worden war. Die Extinktionsdifferenz bildete dann ein direktes Maß für den Zinkgehalt der Grenzschicht. Die absoluten Werte wurden durch Vergleich mit einer zuvor hergestellten Eichkurve abgelesen.

Die Messungen wurden zu Beginn der Freiwasserversuche, im Mai, und im August vorgenommen, als der Bewuchs der Oberseiten auch auf den schlechteren Platten noch nicht eingesetzt hatte. Vor der ersten Messung waren die Platten gewässert worden, um den sogenannten Giftstoß [15] zu umgehen. In der Abb. 12 sind die Ergebnisse zusammengefaßt. Zum Vergleich wurde die Bewuchskurve der Oberseiten und Unterseiten mit aufgenommen, diese beiden natürlich vom Versuchsende.

Die Abstufung der Meßwerte stimmt gut mit dem beobachteten Bewuchs überein. Ein Maximum der Zinkkurve fällt stets mit einem Minimum der Bewuchskurve zusammen. Das gilt sowohl für die Oberseite als auch für die Unterseite, wenn auch hier die Antifoulingwirkung insgesamt schlechter war. Dieses Ergebnis war auch durchaus zu erwarten. Interessant ist nur, daß die Anstriche, deren Pigment bei tieferen Temperaturen geglüht worden war, bedeutend mehr Zink abgaben als die 1000°-Proben. Bei dieser Betrachtung spielen die absoluten Werte gar keine Rolle. Die Differenzen sind auch bei der im August verminderten Zinkabgabe noch vorhanden. Da sich nun alle Anstriche nur durch die Vorbehandlung des Pigments unterschieden, sonst aber in ihrer Zusammensetzung identisch waren, ist die mehr oder weniger starke Antifoulingwirkung eindeutig auf die Beschaffenheit des Zinkoxyds zurückzuführen. Wir hatten schon weiter oben gesehen, daß eine Behandlung des Oxyds in reduzierender Atmosphäre keinen Nutzen bringt. Jetzt wird bestätigt, daß die Zinkabscheidung nicht gefördert wurde, gleichzeitig eine Bestätigung dafür, daß allein die Eigenschaften des Oxyds den Prozeß der Bewuchsverhinderung beeinflussen. Warum das mit 5% Zinkstaub versetzte Pigment bei beiden Messungen den gleichen Wert ergab und trotzdem in der Antifoulingwirkung zurückbleibt, vermögen wir nicht zu erklären.

Auch die Messungen an den senkrechten Reihen stimmen mit den Bewuchsergebnissen überein. In einer Reihe, die ja immer mit dem gleichen Pigment hergestellt worden war, nehmen die Zinkkonzentrationen von oben nach unten ab. Die entsprechenden Werte liegen in der Reihe A (ZnO 650°) immer höher als in der Reihe B (ZnO 1000°); das gleiche war ja auch bei der waagerechten Exposition zu beobachten gewesen. Die Abnahme der Zinkkonzentration mit der Wassertiefe dürfte wohl den Zusammenhang zwischen photochemischer Aktivität und Antifoulingwirkung sicherstellen. Wenn die Giftabgabe nämlich nur von der Quellung des Bindemittels, Diffusion oder ähnlichen durch den Aufbau des Anstrichs hervorgerufenen Eigenschaften bestimmt würde, dann müßte sie von der Wassertiefe unabhängig sein. Ein Anstrich quillt in 1 m Tiefe genauso wie in 2 m. Hiermit kann auch dem Einwand begegnet werden, daß durch hohe Temperaturen und Sinterung die Oxydpartikeln vergrößert und dadurch ihre Löslichkeit verringert worden war und somit der

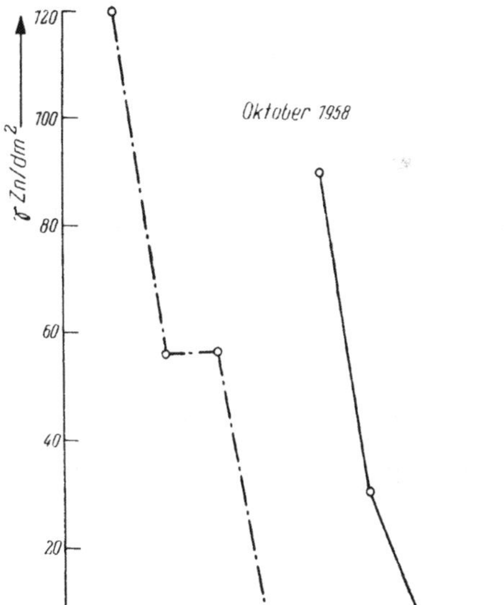

Abb. 13. Zinkkonzentration und Wassertiefe (Versuchsjahr 1958)

Unterschied zwischen den 700°- und 1000°-Pigmenten nur eine Folge der Löslichkeit gewesen sei. Dann hätten wir trotzdem auf allen Platten eines Pigments die gleiche Zinkkonzentration finden müssen. Zunehmende Wassertiefe kann die Löslichkeit nicht verändern.

Abhängig von der Schichtdicke des Wassers ist aber der photochemische Prozeß. Denn er wird vom Licht ausgelöst, dessen Intensität in 2 m Tiefe abgenommen hatte. Deshalb wurde unten nicht so viel Zink abgeschieden wie oben. Die die Reaktion auslösende Komponente war, mit anderen Worten, durch die Filterwirkung des Wassers geschwächt worden.

Mit den vorstehenden Abschnitten haben wir unsere Beobachtungen und Messungen während des Freiwasserversuchs wiedergegeben. Wir wollen jetzt noch einige Untersuchungen bringen, die wir am Pigment selbst vornahmen.

VIII. Untersuchungen am Zinkoxyd

1. Röntgenographische Messungen

Die Ursachen der so deutlichen Abstufungen in der Antifoulingwirkung sind nur beim Pigment zu suchen; denn alle anderen Bestandteile des Anstriches waren identisch. Es erschien uns zunächst einmal notwendig, die Kristallstruktur der Oxyde A und B zu untersuchen. Von jedem dieser beiden Pigmente wurde deshalb ein Pulverdiagramm nach DEBYE-SCHERRER mit Cu-Kathoden bei ruhendem Präparat aufgenommen. Beide Diagramme unterschieden sich jedoch nicht. Sie zeigten nur die für das ZnO-Gitter charakteristischen Linien. Diese erschienen scharf und homogen. Das Ergebnis überrascht nicht allzu sehr. Auch HÄBERLING [5] erhielt nur reine ZnO-Diagramme, als er die Kreidungstendenz einer Reihe von Oxyden untersuchte. Dabei waren einige Pigmente bis zu 2,25% mit Blei und Karbonaten verunreinigt gewesen.

Nun ist von den Luminophoren bekannt, daß ihre physikalischen Eigenschaften selbst dann schon sehr von Verunreinigungen oder zugesetzten Stoffen verändert werden, wenn diese nur in Spuren vorhanden sind. In solchen Fällen versagt die Röntgenmethode, insbesondere auch dann, wenn es sich um Verunreinigungen handelt, die von der Kristalloberfläche adsorbiert werden. Röntgenaufnahmen nach der Pulvermethode geben Aufschluß über die Kristallstruktur der gesamten Masse des Pulvers. Verunreinigungen sind im Vergleich dazu meist so gering, daß ihre Röntgeninterferenzen nicht oder doch nicht mehr sicher nachweisbar sind. Im allgemeinen muß ihr Anteil schon mehr als 5% betragen. Solche Mengen waren aber gar nicht zu erwarten. Als Ergebnis für unsere Untersuchungen bleibt also, daß beide Zinkoxyde ein ZnO-Gitter besitzen.

2. p_H-Werte der wäßrigen Auszüge

Wenn wir für das unterschiedliche Verhalten der Anstriche in erster Linie auch die photochemischen Eigenschaften der Pigmente verantwortlich machen, so war es doch von Interesse, auch die Reaktionen der Oxyde in wäßrigen Suspensionen zu untersuchen. Es wäre immerhin denkbar, daß der sich einstellende p_H-Wert insbesondere dann die Haltbarkeit des Anstrichs beeinflußt, wenn er im alkalischen Bereich liegt. Solche Messungen führte schon HÄBERLING [5] durch. Er glaubt, einen gewissen Zusammenhang zwischen Kreidungstendenz und Alkalität gefunden zu haben. Mit abnehmender Teilchengröße der Oxyde nimmt nach seinen Angaben die Alkalität und die Kreidungstendenz zu.

Wir schlämmten 10 g ZnO in 50 ml Wasser auf und behandelten die Suspension nach den Vorschriften HÄBERLINGS. Der p_H-Wert des Filtrats wurde mit einem Multoskop der Firma Kovo, Prag, ermittelt. Wir erhielten mit mehreren, in gleicherweise angesetzten Suspensionen geringe Abweichungen in den absoluten Werten; die hier allein wichtige Abstufung blieb aber erhalten:

Tabelle 3. p_H-Werte der Zinkoxyde in wäßriger Suspension

p_H Wasser	6,4	6,65	6,95
p_H ZnO 650°	5,6	5,8	5,2
p_H ZnO 1000°	6,2	6,5	6,3
p_H ZnO aktiv (Bayer)	—	—	8,6

Es fällt zunächst auf, daß beide Oxyde den p_H-Wert ins saure Gebiet verschieben, wobei das ZnO 650° immer saurer reagiert als das ZnO 1000°. Mit den Teilchengrößen allein hängt diese Erscheinung sicherlich nicht zusammen; denn man kann eher annehmen, daß das Oxyd bei höherer Temperatur sintert und die Korngröße zunimmt. Nach HÄBERLING würde dies eine Erhöhung der Wasserstoffionenkonzentration nach sich ziehen. Das ist nun aber gerade nicht der Fall. Außerdem hatten nach seinen Angaben alle Oxyde den p_H-Wert ins Alkalische verschoben. Dem entspricht nach unseren Messungen nur das ZnO aktiv der Firma Bayer. Wir möchten eher annehmen, daß die Verunreinigungen eine große Rolle spielen. HÄBERLING hat sie nicht näher untersucht, aber der ZnO-Gehalt seiner Proben liegt im Höchstfalle bei 99,8% und geht herunter bis zu 96,5%. Fremdionen können in geeigneter Form zusammen mit dem amphoteren ZnO durchaus den p_H-Wert verändern. Es ist anzunehmen, daß sich das ZnO 650° gegenüber der 1000°-Probe leichter löst. Damit werden auch mehr Fremdionen frei. Diese reagieren mit dem ZnO, das über Hydroxyd in eine schwache Säure übergehen kann. Jedoch sind diese Aussagen noch zu spekulativ, um Rückschlüsse zuzulassen. Hier werden weitere Untersuchungen nötig sein. Wir wollen aber nicht unerwähnt lassen, daß auch MARKHAM und LAIDER [16] eine Verschiebung ins saure Gebiet beobachteten, wenn sie ZnO-Suspensionen belichteten.

3. *Katalytische und photochemische Aktivität des Zinkoxyds*

Nachdem sich gezeigt hatte, daß die auf verschiedene Weise vorbehandelten Zinkoxyde von so unterschiedlicher Wirkung waren, lag es natürlich nahe, auch nach der Ursache zu suchen. Wenn diese nämlich bekannt ist, eröffnet sich die Möglichkeit, durch geeignete Laboratoriumsmethoden die Wirkung im gewissen Grade vorauszusagen bzw. durch geeignete Produktionsführung die Antifoulingwirkung des Zinkoxyds auf den optimalen Wert zu bringen.

Fest steht bisher, daß das Licht die Reaktion auslöst, die Reaktion selbst von der Qualität des Zinkoxyds bestimmt wird und daß diese schließlich als mehr oder weniger starke Antifoulingwirkung sichtbar wird. Offen bleiben die Fragen, ob diese Wirkung mit dem Kreiden in Zusammenhang gebracht werden kann, und wie die eingestrahlte Energie vom ZnO auf den Anstrich übertragen wird.

Alle Oxyde absorbieren offenbar zunächst das Licht in gleicher Weise. Die Weiterleitung der Energie kann durch Elektronen erfolgen. Diese Erklärung bietet sich an, weil Zinkoxyd als klassisches Beispiel für einen n-Halbleiter bekannt ist. Seine „Elektronenüberschuß-Leitung" wächst bei Einstrahlung energiereicher Strahlung, in unserem Falle des von Wasser nur wenig absorbierten kurzwelligen Anteils des Sonnenlichtes. Im Kapitel „Fluoreszenz" und in der Diskussion werden wir auf die Energieübertragung noch näher eingehen. Hier wollen wir zunächst untersuchen, welche Reaktion die in einen höheren Energiezustand gehobenen Elektronen einleiten bzw. anregen. Zwei sind beim Zinkoxyd besonders bekannt geworden: Seine Eigenschaft als Katalysator in vielen chemischen Umsetzungen und die Bildung von H_2O_2 in bestrahlten, wäßrigen ZnO-Suspensionen. Beide Reaktionen können die Eigenschaften des Anstrichs verändern, zur Zinkabgabe, zum Kreiden oder gar zum Zusammenbruch des Anstrichs führen. Ob es sich bei der H_2O_2-Bildung und der katalytisch angeregten Oxydation um zwei voneinander unabhängige Reaktionen in der Weise handelt, daß die eine zuerst auftritt und dann die zweite erst einleitet, ist durchaus umstritten. Einige Autoren glauben auch, daß beide Reaktionen gleichzeitig ablaufen und daß das auftretende H_2O_2 nicht für die Oxydation der organischen Bestandteile verantwortlich ist. Alle Autoren sind sich aber darüber einig, daß die Elektronen im ZnO-Gitter eine entscheidende Rolle spielen.

So wird z. B. Stickoxyd in Gegenwart von ZnO katalytisch zersetzt. Dieser Vorgang wird von WAGNER [17] als Elektronenübergang vom Katalysator zum Substrat interpretiert. Einen ähnlichen Effekt beschreibt VESELOVSKY [18]. Die Bildung von Oxydationsprodukten bei Bestrahlung, besonders in Gegenwart organischer Verbindungen, ist Gegenstand vieler anderer Untersuchungen. Ob hierbei Sauerstoff notwendig ist [19], [20] wird bisweilen bestritten [21]. Eine sehr ausführliche Untersuchung der Kinetik der Photooxydation an der Oberfläche von ZnO in wasserhaltigen Lösungen liegt von MARKHAM und LAIDER [16] vor. Mit ihren Ergebnissen stimmt eine Formulierung überein, die den Übergang eines Elektrons auf an der Oberfläche adsorbiertes Wasser mit anschließender Dissoziation und Bildung freier Radikale vorsieht. Die Reaktion verbraucht Sauerstoff. H_2O_2-Bildung und Oxydation der organischen Verbindungen verlaufen gleichzeitig. Nach ihrer Meinung greifen die organischen Verbindungen in die H_2O_2-Bildung nur insofern ein, als sie das einmal entstandene Peroxyd stabilisieren. Immer beginnt die H_2O_2-Bildung gleichzeitig mit dem Auftreten von Oxydationsprodukten. Eine anfängliche Verzögerung der Oxydationsreaktion, wie sie zu erwarten wäre, wenn sie erst vom Peroxyd eingeleitet würde, war nicht zu beobachten. Zu ähnlichen Ergebnissen kommen VAIL, HOLMQUIST und WHITE [22]. Sie verfolgen die Oxydation von Oxalat und Formiat in Gegenwart von ZnO mit C^{14}. Auch nach ihrer Interpretation wird die Oxydation nicht durch das H_2O_2 bewirkt, die genannten Verbindungen werden vielmehr schon während der H_2O_2-Bildung oxydiert. Zwei voneinander unabhängige Reaktionen: Bildung von H_2O_2 und Oxydation, können auch sie nicht feststellen. Natürlich werden nur organische Verbindungen angegriffen, die eine gewisse Oxydationsbereitschaft haben. Äthanol z. B. wird nicht verändert [22].

Auch nach WINTER und WHITTEM [2] führt H_2O_2-Aktivität nicht zwangsläufig zum oxydativen Zerfall. Sie konnten Oxyde herstellen, die unter UV-Bestrahlung sehr viel H_2O_2 entwickelten, aber keineswegs starke Kreidungstendenz zeigten. Sie glauben, daß die Aktivierung ungesättigter Gruppen in den organischen Bestandteilen des Anstrichs eine bedeutende Rolle spielt, wobei die Energieübertragung nicht unbedingt durch Elektronenübergang vor sich gehen muß. Ein solcher Übergang wird besonders bei der Oxydation von Fettsäuren, wie sie in normalen Anstrichen häufig verwendet werden, unwahrscheinlich, weil diese zumeist als negative Ionen an der Pigmentoberfläche adsorbiert werden und wegen ihrer Ladung ein Hindernis für die Gitterelektronen des ZnO darstellen. Sie halten es für möglich, daß die Energie durch Schwingungen des Kristallgitters übertragen wird.

Nicht ganz so eindeutig trennen andere Autoren die beiden Hauptreaktionen. Bei MORLEY-SMITH [3] bilden stark kreidende Oxyde auch viel H_2O_2. Er läßt allerdings die Möglichkeit offen, daß nach Einleitung der Oxydation der Anstrich auch autokatalytisch zusammenbrechen kann. THOMPSON [23] deutet ebenfalls einen Zusammenhang zwischen H_2O_2-Bildung und Kreiden an.

In den Arbeiten, die wir zuerst zitierten, war das Zinkoxyd als Katalysator untersucht worden. Beginnend mit WINTER und WHITTEM waren dann schon Zusammenhänge zwischen katalytischer Aktivität und Verhalten im Anstrich angedeutet worden. Wir wollen diese letzte Beobachtung sinngemäß auf die Antifoulingwirkung übertragen und noch erweitern, indem wir die Annahme zugrunde legen, daß das Abkreiden primär durch eine oxydative Zerstörung des Bindemittels an der Anstrichoberfläche eingeleitet wird, worauf sich dann sekundär eine Schicht loser Pigmentteilchen bildet, die nun leicht mit dem Meerwasser reagieren können und die Antifoulingwirkung einleiten. Die Oxydationsgeschwindigkeit des Bindemittels würde danach über das mehr oder weniger rasch erfolgende Abkreiden und die Antifoulingwirkung entscheiden. Wir beobachteten ja auch ganz deutlich, daß das Bindemittel in unseren Untersuchungen durchaus in der Lage war, die Abkreidegeschwindigkeit zu verändern. Bei HÄBERLING [5] finden wir den Befund bestätigt. In seinen Versuchen kreiden die Oxyde recht unterschiedlich in Gegenwart verschiedener Bindemittel. Die relative Abstufung in jeder Bindemittelreihe dagegen bleibt immer dieselbe. Es kommt eben darauf an, in welchem Maße das Bindemittel in der Lage ist, die vom Oxyd übertragene Energie aufzunehmen. Die hochpolymeren PV-Lacke sind nicht so leicht anzugreifen, deshalb war ihre Antifoulingwirkung insgesamt auch schwächer. Das Colophonium kommt der auslösenden Wirkung des Oxyds noch entgegen, weil es allein schon leicht zersetzbar ist.

Aus dieser, noch lange nicht vollständigen Aufzählung der bisher bekannten Arbeiten, wird schon deutlich, wie unterschiedlich die vom angeregten Zinkoxyd ausgelöste Reaktion interpretiert wird. Zwei Reaktionen gibt es jedenfalls, die mehr oder weniger mit der Antifoulingwirkung zusammengebracht werden könnten. Wir haben beide untersucht und bringen zunächst unsere Ergebnisse, die die katalytische Aktivität des ZnO zeigen sollen.

a) Katalytische Aktivität

Als geeignetes Substrat für die Verfolgung der Oxydationsgeschwindigkeit verwendeten wir Linolsäure. Sie enthält in ihrer Kohlenwasserstoff-Kette $CH_2-CH=CH$-Gruppen und gehört damit zu den Verbindungen, die nach WINTER und WHITTEM [2] die angeregten Energien des ZnO besonders leicht aufnehmen können. Die Oxydationsprodukte untersuchten wir nicht weiter, weil uns lediglich die Veränderung der Oxydationsgeschwindigkeit als katalytische Wirkung der Oxyde von Interesse zu sein schien. Bei dieser Reaktion wird Sauerstoff verbraucht. Deshalb läßt sich die Reaktionsgeschwindigkeit sehr genau bestimmen, wenn man in einem Manometergefäß die Druckabnahme pro Zeiteinheit mißt. In der graphischen Darstellung ist die Steigung der Kurve ein Maß für die Reaktionsgeschwindigkeit. Für Messungen dieser Art ist die WARBURG-Apparatur besonders geeignet. Bereits MARKHAM und LAIDER [16] verwendeten sie für den gleichen Zweck, als sie die Kinetik der Photooxydation untersuchten. Dort findet man auch Einzelheiten über die Versuchsführung.

650- und 1000°-Oxyde wurden in WARBURG-Kölbchen mit einer 10%igen Linolsäurelösung in Toluol versetzt und bei konstanter Temperatur mit einem kleinen HQE-Brenner bestrahlt. Wir verzichteten auf eine Eichung der Kölbchen, weil die absoluten Zahlen hier ohne Belang waren. Nach anfänglichen Druckschwankungen stellte sich eine gleichförmige Abnahme des Drucks ein, während der Manometerstand an einem Vergleichsgefäß, das nur mit Toluol gefüllt worden war, konstant blieb. In der graphischen Darstellung (Abb. 14) wurde die Sauerstoffaufnahme der Linolsäure ohne ZnO und mit ZnO 650° bzw. 1000° als Beispiel eingezeichnet. Die zweite Darstellung (Abb. 15) zeigt den Einfluß des Lichts, wobei die Oxydationsgeschwindigkeit einmal in einem abgedunkelten Gefäß und dann bei Tageslicht bzw. unter UV-Bestrahlung gemessen wurde.

Ganz eindeutig erkennt man die Bedeutung des Lichtes beim Oxydationsvorgang. Mit zunehmender Lichtenergie wächst auch die Reaktionsgeschwindigkeit. Ebenso eindeutig katalysiert ZnO die Reaktion; denn Linolsäure ohne ZnO wird merklich langsamer oxydiert. Dagegen sind die Unterschiede zwischen den beiden ZnO-Chargen so gering (Durchschnittswerte für die Kurvensteigung in dem von uns gewählten Maßstab: 7,2° für ZnO 650°C und 6,1° für ZnO 1000°C), daß diese Reaktion wohl kaum mit der schlechten Antifoulingwirkung des ZnO 1000° und der besonders guten des ZnO 650° in Zusammenhang gebracht werden kann. Daß natürlich die chemische Reaktion im Antifoulinganstrich nicht dieselbe ist, war ohnehin von vornherein klar; denn Linolsäure wird üblicherweise nicht im Unterwasseranstrich verwendet.

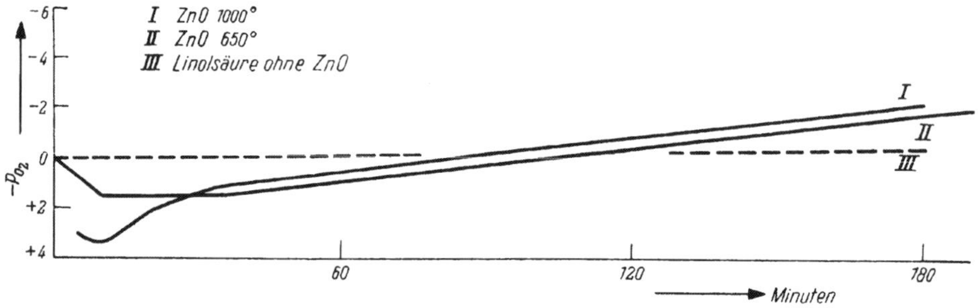

Abb. 14. Oxydationsgeschwindigkeit der Linolsäure

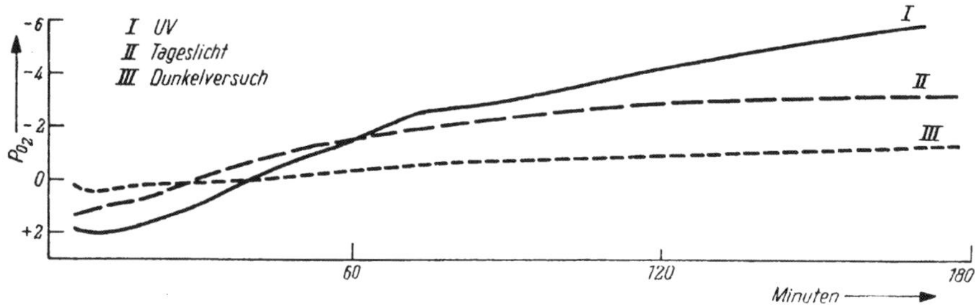

Abb. 15. Oxydationsgeschwindigkeit und Lichteinfluß

Wir sehen jetzt aber auch, daß die Messung der katalytischen Aktivität keinen Anhalt darüber gibt, wie sich das Oxyd im Antifoulinganstrich verhalten wird. Diese Aussage mag nach den hier geschilderten Versuchen etwas voreilig erscheinen. Wir führten aber nach Abschluß der vorliegenden Arbeiten noch eine ganze Serie von Messungen an sehr unterschiedlichen Oxyden durch, denen wir vor dem Brennen zum Teil noch Cu, Fe, Co, Mn und Pb zugesetzt hatten. In keinem Fall stimmte das Meßergebnis an Linolsäure mit ihrer Antifoulingabstufung überein. Wir werden hierüber noch ausführlich im Journal of the Oil and Colour Chemists' Association berichten.

b) Photochemische Aktivität

Eine zweite Methode, die sich für einen Vergleich mit der Antifoulingwirkung anbietet, ist die Bestimmung des Wasserstoffsuperoxyds, das sich stets bei UV-Bestrahlung einer wäßrigen ZnO-Suspension bildet. Wir erwähnten bereits eingangs, daß diese Reaktion nicht zwangsläufig mit der Oxydationsreaktion übereinstimmen muß. Wir beschränkten uns wieder darauf, nur die relativen Unterschiede zwischen den Oxyden festzustellen. Wir richteten uns im wesentlichen nach dem von WINTER [2] und HÄBERLING [5] angegebenen Verfahren, das wir nur wenig veränderten.

Danach werden in einem Quarzkolben 1 g ZnO mit einer 10%igen wäßrigen Kaliumjodidlösung versetzt und unter ständigem Rühren mit einer Quecksilberdampflampe bestrahlt. Wir benutzten wieder einen HQE-Brenner, nachdem sich eine PRK-Lampe als zu intensiv erwiesen hatte. Es zeigte sich aber bald, daß die Meßergebnisse stark streuten. Es war eben nicht möglich, Temperatur der Suspension, Strahlung der Lampe und Rührgeschwindigkeit während einer ganzen Versuchsserie konstant zu halten. Mit einem abgeänderten Verfahren erhielten wir gut reproduzierbare Ergebnisse. Dabei füllten wir die Suspension in etwa 90 mm hohe birnenförmige Quarzkolben, die sich mit einer losen Glaskappe verschließen ließen. Mittels einer besonderen Vorrichtung hängten wir eine ganze Serie dieser Kolben in einen WARBURG-Apparat, von dem wir die Manometer entfernt hatten. Sie wurden so kräftig geschüttelt, daß sich kein Bodensatz bilden konnte. Mehrere HQE-Brenner waren so aufgestellt, daß alle Gefäße etwa gleich stark bestrahlt wurden.

Der Vorteil dieser Anordnung liegt auf der Hand. Man kann die photochemische Aktivität gleichzeitig an mehreren Oxydproben testen. In einer solchen Serie lassen sich alle äußeren Parameter ohne weiteres konstant halten. Alle Suspensionen enthalten KJ-Lösung aus dem gleichen Ansatz und damit gleicher Qualität. Außerdem hat man eine gute Kontrollmöglichkeit, indem man eines der Gefäße immer mit dem gleichen Oxyd füllt. Für die Bestimmung des entstandenen H_2O_2 benutzten wir wieder bekannte Verfahren. Das Filtrat der Suspension wurde mit 2%iger Stärkelösung versetzt und die Extinktion der dabei auftretenden Blaufärbung photometrisch unter Vorschaltung eines geeigneten Filters gegen eine gleich starke KJ-Stärkelösung bestimmt. Den Ergebnissen ist zum Vergleich ein photochemisch sehr aktives Produkt gegenübergestellt.

	ZnO 650°	ZnO 1000°	ZnO „aktiv“
	0,500	0,300	0,720
	0,485	0,390	0,730
	0,480	0,410	—
Mittelwerte	0,488	0,366	0,725

In dieser Reaktion ist also tatsächlich das ZnO 650° aktiver. Wie wir noch später veröffentlichen werden, haben wir auch diese Untersuchungen auf viele andere Oxyde ausgedehnt. Übereinstimmend konnten wir erkennen, daß zwischen der photochemischen Aktivität und der Antifoulingwirkung ganz offensichtlich ein Zusammenhang besteht. Unter chemisch gleichwertigen Oxyden findet man immer an solchen mehr H_2O_2, die im Antifoulinganstrich wirksamer sind. Wir wollen es noch dahingestellt sein lassen, ob das H_2O_2 selbst in den zur Antifoulingwirkung führenden Prozeß eingreift. Es ist durchaus möglich, daß die H_2O_2-Bildung mit der Antifoulingwirkung gar nichts zu tun hat, sondern daß hier nur die Fähigkeit des betreffenden Oxyds zum Ausdruck kommt, eingestrahlte Lichtenergie auf andere Reaktionen zu übertragen, wobei in dem einen Fall H_2O_2 entsteht, im anderen aber eine Reaktion eingeleitet wird, die schließlich zur Antifoulingwirksamkeit führt. Die Parallelität der Meßergebnisse wäre dann nicht auf eine chemische Reaktionsfolge zurückzuführen.

Was die beiden Reaktionen, katalytische Oxydation und photochemische Aktivität, anbetrifft, so können wir abschließend feststellen, daß nach unseren Versuchen kein unmittelbarer Zusammenhang besteht. Wir schließen uns damit der Ansicht WINTERS und WHITTEMS [2] an, daß nämlich eine starke H_2O_2-Aktivität keineswegs auch eine starke angeregte Oxydation nach sich zieht. Wenn wir allerdings die Antifoulingwirkung mit dem Kreiden in Zusammenhang bringen wollen, müssen wir, im Gegensatz zu diesen beiden Autoren, konstatieren, daß die photochemisch aktiven Oxyde auch das stärkste Kreiden hervorriefen. Dieser Schluß liegt hier um so näher, weil wir an Stelle verschiedener ZnO-Produkte nur ein einziges verwendeten, das lediglich verschieden hoch geglüht worden war.

4. *Benetzungswärme*

Einen Hinweis auf die Beschaffenheit der Oberfläche vermag die Messung der Benetzungswärme zu geben. Man kann von diesen Werten nicht direkt auf die Partikelgröße schließen, weil auch die Oberflächenaktivität die Benetzung beeinflußt. Aber Messungen dieser Art gestatten doch gewisse Rückschlüsse und sind vor allem für den Lackchemiker von Interesse. Die Bestimmungen wurden von Herrn Taschen in der Lackfabrik Magdeburg durchgeführt, wofür wir ihm auch an dieser Stelle danken möchten.

Tabelle 4. Benetzungswärmen der Pigmente

Pigmentbezeichnung	Pigment	Benetzungswärme in cal/g	
		Tetralin	Butylacetat
C	ZnO unbehandelt	0,475	0,622
A	ZnO 700°	0,286	0,318
B	ZnO 1000°	0,144	0,207
D	ZnO + 5% Zn-Staub	0,288	0,357
E	ZnO + [Zn] 600°	0,433	0,468
F	ZnO + [Zn] 700°	0,252	0,393
G	ZnO + [Zn] 1000°	0,110	0,089

Ganz allgemein wird hiermit bestätigt, daß die Oberflächenaktivität ab- und die Partikelgröße zunimmt, je höher man glüht. Soweit sind die Ergebnisse nicht überraschend. Interessant ist vielmehr, welch untergeordnete Rolle offenbar die Oberfläche im Gegensatz zur Beschaffenheit des Oxydgitters spielt. In jeder Präparationsreihe — wir faßten sie in der Tabelle in Absätzen zusammen — ist zwar jeweilig das Oxyd mit der aktivsten Oberfläche auch in der Antifoulingwirkung das aktivste, aber in der gesamten Pigmentserie gelten doch andere Regeln. Pigment E aus der anreduzierten Reihe z. B. war nicht wirksamer als Pigment A aus der stöchiometrischen, obwohl die Benetzungswärmen sehr viel größer sind.

Wir möchten die Ergebnisse folgendermaßen zusammenfassen: Liegen Oxyde mit Gittern gleichartiger oder ähnlicher physikalischer Beschaffenheit vor, wird eine aktive Oberfläche die Antifoulingwirkung unterstützen. Die Messung der Benetzungswärme läßt aber ohne Kenntnis der Gittereigenschaften keine Voraussage über die Antifoulingwirkung zu.

5. *Fluoreszenz und Spektralanalyse*

Die bisher beschriebenen Meßergebnisse deuteten alle mehr oder weniger auf die entscheidende Bedeutung des Gitters für die Antifoulingwirkung. Eine der verschiedenen Möglichkeiten, Gitterveränderungen sichtbar zu machen, ist die Beobachtung der Fluoreszenz bei UV-Einstrahlung.

Eine Theorie über den Aufbau der Fluoreszenzzentren im ZnO veröffentlichten in jüngerer Zeit Riehl und Ortmann [24]. Auf einen gewissen Zusammenhang zwischen Fluoreszenz und chemischen Reaktionen an Zinkoxyd machte schon GOODEVE [25] aufmerksam. WINTER und WHITTEM [2] glauben sogar, daß zwischen Fluoreszenzgrad und Kreiden ZnO-haltiger Anstriche in Bewitterungstesten ein direkter Zusammenhang besteht. MORLEY-SMITH [3] entdeckte 2 verschiedene Fluoreszenztypen beim ZnO. Das nach dem Direkten oder Amerikanischen Verfahren gewonnene ZnO zeigt eine hellgrüne Fluoreszenz und kreidet wenig; ZnO aus dem Indirekten oder Französischen Verfahren fluoresziert blau und kreidet stärker. Diese übersichtlichen Verhältnisse werden komplizierter, wenn man es nicht mehr mit chemisch reinem Oxyd zu tun hat. Verunreinigungen können das Fluoreszenzbild vollkommen verschieben. Deshalb kann man von der Fluoreszenz-Beobachtung allein ohne Analyse des Produktes keine gesicherten Aussagen erwarten. Ebenso wird die Fluoreszenz auch von der Partikelgröße beeinflußt. Kleine Partikeln fluoreszieren viel schwächer und können trotzdem kreiden. Die Fluoreszenz hängt zudem von der Wellenlänge des eingestrahlten Lichtes ab, so daß 2 Proben mit gleichem Blau-Grün-Gehalt recht unterschiedlich ausfallen können, wenn die Lichtquelle nicht konstant gehalten wird.

Da die anreduzierten Oxyde ohnehin nur eine geringere Antifoulingwirkung gehabt hatten, untersuchten wir lediglich die nichtreduzierten Produkte ZnO 650° und ZnO 1000°. Sie entstammten der gleichen Ausgangssubstanz und unterschieden sich nur in der Glühtemperatur. Dieser Umstand machte die Verhältnisse schon sehr viel übersichtlicher. Zunächst informierten wir uns über die Art der Verunreinigungen. Besonders Schwermetalle können die Gittereigenschaften und damit die Fluoreszenz entscheidend beeinflussen. Die Spektralanalyse zeigte folgende Linien[1]):

Ca	—
Cd	—
Co	—
Cr	—
Cu	—
Fe	—
Na	—
Ni	—
Pb	sehr schwach
Zn	sehr stark

Wir hatten es also mit einem sehr reinen Produkt zu tun. Die Fluoreszenz beobachteten wir unter einer Quecksilberdampflampe mit und ohne zwischengeschaltetem Filter. Benutzt wurden von der Firma Zeiß UG 5 (mit Durchlässigkeitsmaxima im UV bei 3000—3250 Å und im Sichtbaren bei 7500 Å) und UG 11 (Maximum im UV bei 3300 Å, fast völlige Absorption im Sichtbaren):

Tabelle 5. Fluoreszenz der Zinkoxyde

	UG 5	UG 11	ohne Filter
ZnO 650°	schwach blaugrau geringe Intensität	gelblich geringe Intensität	hellgrau
ZnO 1000°	gelblich, intensiver als ZnO 650°	leuchtendes, sattes Gelb, große Intensität	reines, intensives Weiß

[1]) Die Spektren nahm Herr cand. chem. *Opfermann* auf, wofür wir ihm auch an dieser Stelle sehr herzlich danken.

Dieses Ergebnis ist für unsere Untersuchungen von ganz wesentlicher Bedeutung. Im Gegensatz zum ZnO 650° ist das 1000°-Produkt in der Lage, das eingestrahlte Licht mit großer Intensität zu emittieren. Weder Röntgenspektrum noch katalytische Aktivität waren durch Erhöhen der Glühtemperatur auf 1000°C merklich verändert worden, die Fluoreszenz aber hatte beträchtlich zugenommen.

IX. Diskussion

1. Antifoulingwirkung — Kreiden

Von den Außenanstrichen her ist die Kreidung als eine sehr unangenehme Eigenschaft des Pigments bekannt. In Unterwasseranstrichen dagegen kann, wie wir beobachteten, eine gewisse Kreidungstendenz Vorteile mit sich bringen. Sie verbessert die Antifoulingeigenschaften und bewirkt, daß ZnO-Anstriche eine beträchtliche Zeit bewuchsfrei bleiben. In der Literatur wird übereinstimmend die Meinung vertreten, daß mit ZnO allein keine befriedigende Antifoulingwirkung zu erreichen sei [26]. Dabei ist ZnO aus biologischen Versuchen durchaus als starkes Gift bekannt, wenn man es in Lösung oder Suspension verwendet. Aber es gelang nicht, eine vergleichbare Zinkionenkonzentration von einer Anstrichoberfläche freizumachen. Stets wurde deshalb das ZnO nur als Füllpigment verwendet, während die Antifoulingwirkung von zugesetzten Giften ausging. Bestenfalls spielte das Oxyd noch wegen seiner Tandemwirkung eine Rolle.

Wie wir jetzt mit dem ZnO 650° nachweisen konnten, ist es durch geeignete Vorbehandlung des Pigments [34] aber doch möglich, eine so starke Giftwirkung zu erreichen, daß Platten mit diesem Pigment während der ganzen Versuchszeit bewuchsfrei blieben, wenn nur das Kreiden richtig eingestellt war. Dadurch lassen sich die zugesetzten Gifte reduzieren oder werden sogar überflüssig. Noch entscheidender ist aber die Tatsache, daß nun Pigment und Antifoulingwirkung identisch geworden sind. Jetzt hält die Antifoulingwirkung solange an, wie der Anstrich überhaupt noch vorhanden ist. Bisher war das nicht der Fall gewesen. Die Antifoulingwirkung hörte auf, sobald die zugesetzten Gifte aus dem Anstrich herausgelöst waren. Dabei konnte der Anstrich selbst durchaus noch in einem guten Zustand sein.

Das Kreiden des Anstrichs läßt sich mit Hilfe geeigneter Temperaturvorbehandlung des Pigments und durch die Wahl des Bindemittels und der Pigmentkonzentration auf ein optimales Maß einstellen. Die optimale Temperatur liegt zwischen 600 und 700°C; Methoden zur Bestimmung der Pigmentvolumkonzentration gibt HAUG [27] an.

2. Partikelgröße — Kreiden

In Bewitterungstesten hat sich immer wieder gezeigt, daß Oxyde mit kleinem Partikeldurchmesser sehr kreidungsanfällig sind [2], [5]. Durch Partikelvergrößerung gelang es MORLEY-SMITH [3] sogar, das sonst leicht zum Kreiden neigende Produkt des Französischen Prozesses kreidungsresistent zu machen. Eine Proportionalität zwischen Teilchengröße und Kreidung besteht allerdings nicht [3]. Möglicherweise spielt auch ein autokatalytischer Zusammenbruch des Anstrichs eine Rolle, sobald das Kreiden erst einmal eingesetzt hat.

Das Kreiden und die Antifoulingwirkung wurden vermindert, wenn das Oxyd auf 1000°C erhitzt worden war. Damit finden wir wieder den Anschluß an die Bewitterungsteste; denn die erhöhte Temperatur bewirkte ohne Zweifel ein Sintern des Oxyds. Dadurch wurde der Partikeldurchmesser vergrößert, gleichbedeutend mit einer Abnahme der aktiven Oberfläche und Verminderung der hohen Oberflächenenergie. Parallel dazu ließ nach unseren Messungen auch die H_2O_2-Aktivität nach. Dies stimmt wiederum mit MARKHAM und LAIDER [16] überein, die die H_2O_2-Bildung an ZnO als eine Reaktion formulieren, die über eine Radikaladsorption an der Oberfläche des Oxyds verläuft. Wir kommen also auf zwei Wegen zu dem Ergebnis, daß kleine Partikelgrößen das Kreiden ebenso wie die Antifoulingwirkung fördern: Über die größere Reaktionsfläche an vielen kleinen Partikeln, wenn sie von der H_2O_2-Bildung abhängt; oder, wenn man den Zusammenhang H_2O_2-Kreiden nicht akzeptieren will, über die sehr viel höhere Oberflächenenergie kleiner Teilchen, die die eingestrahlte Lichtenergie schneller als Aktivierungsenergie (Schwingung oder angeregte Elektronen) an benachbarte Bindemittelteilchen weiterleiten als kompakte große Teilchen.

Eine Ausnahme scheinen hier übrigens sogenannte ultrafeine Oxyde zu bilden, die nicht kreidungsanfällig sind [3]. Ihr Durchmesser liegt unterhalb 0,06 μ. In diesem Bereich können aber die Wellenlängen des Sonnenlichtes nicht mehr absorbiert werden, womit die für den Kreidungs- bzw. Antifoulingprozeß erforderlichen Anregungsenergien fehlen.

3. Gittereigenschaften des ZnO

Wir hatten beobachtet, daß Oxyde merklich in der Antifoulingwirkung nachließen, sobald sie einen Zinküberschuß enthielten. So hatte z. B. das ZnO 700° bereits bei der Pigmentierung 1:1 eine Antifoulingwirkung, wie sie vom ZnO + [Zn] 700° auch mit der höchsten Pigmentierung nicht überschritten werden konnte. Eine kürzlich von LEE und PARRAVANO [28] veröffentlichte Arbeit über das Sintern des Zinkoxyds bietet uns eine plausible Erklärung für das schlechte Abschneiden der anreduzierten Oxyde. Sie stellten nämlich fest, daß frisch bereitetes ZnO in Luft oder Sauerstoff-Atmosphäre oberhalb 700°C stetig sintert. Glühte man aber zuvor dieses ZnO in einer dünnen Schicht unter Luftzutritt bei 800°C und wiederholte dann den Sinterversuch, so war bis 1100° C keine Veränderung festzustellen. LEE und PARRAVANO weisen nach, daß frisch bereitetes Oxyd noch überschüssiges Zink auf Zwischengitterplätzen besitzt. Die treibende Kraft beim Sintern ist die Potentialdifferenz des Zinks im Innern des Partikels und an seiner Oberfläche. Beim Erhitzen wird das Oberflächenzink sofort oxydiert, die Sinterung hängt dann ab von der Nachdiffusion des Zwischengitterzinks aus dem Innern des Kristalls. Metalloxyde mit großer Abweichung vom stöchiometrischen Verhältnis sintern daher schon bei geringeren Temperaturen. Stöchiometrische Oxyde, wie sie beim Vorglühen entstanden, sintern kaum.

Für uns folgt daraus, daß die anreduzierten Oxyde bei gleicher Temperatur stärker gesintert waren als die nichtreduzierten, eine kleinere Oberfläche und geringere Oberflächenenergie besaßen und deshalb in der Antifoulingwirkung zurückfallen mußten.

Damit sind wir schon beim Kernpunkt angelangt, der Forderung nach einem stöchiometrischen Gitter. Ein Zinküberschuß fördert nämlich nicht nur das Sintern. LEVERENZ und Mitarbeiter [29 bis 32] beobachteten am ZnO 2 verschiedene Lumineszenzbanden: Ein Maximum bei 3850 Å, wenn es durch Verbrennen des Metalls im O_2-Überschuß hergestellt worden war, ein Maximum bei 5050 Å, wenn es einen Zinküberschuß enthielt. Stöchiometrische Oxyde emittieren mithin höhere Energiequanten und können deshalb auch eher Reaktionen einleiten, die eine höhere Aktivierungsenergie erfordern. Erhöhte Sinterung wie verringerte Energieemission machen das schlechtere Abschneiden der anreduzierten Oxyde erklärlich.

Mit der Erhöhung der Tempertemperatur war auch die Fluoreszenz angewachsen. Sie ist nun eine Eigenschaft des Gitters und hat mit der Partikelgröße wenig zu tun. Im ZnO 1000° wurde die eingestrahlte Lichtenergie einfach wieder als Fluoreszenz emittiert. Sie ging für den Antifoulingprozeß verloren. Dagegen übertrug das ZnO 650°, das nur wenig fluoreszierte, die Energie auf den Anstrich. Eigentlich sollte man mit zunehmender Temperatur eine Erhöhung der Gitterordnung und damit eine Abnahme der Fluoreszenz erwarten. In jüngster Zeit veröffentlichten aber KLIKORKA, HORÁK und ČELIKOVSKÝ [33] eine Arbeit, die ausgezeichnet mit unseren Untersuchungen übereinstimmt und von der von RIEHL und ORTMANN [24] vertretenen Theorie abweicht. Übereinstimmend werden für die Fluoreszenz des ZnO Sauerstoff-Leerstellen verantwortlich gemacht. Nach RIEHL und ORTMANN können diese Fehlstellen aber nur während des Kristallwachstums gebildet werden. KLIKORKA und Mitarbeiter weisen dagegen nach, daß sie durch thermische Dissoziation auch bei vollkommen ausgebildeten Kristallen hervorgerufen werden können. Die Diffusion des Sauerstoffs durch das Gitter beginnt bei 800°C. Oberhalb dieser Temperatur wird vorwiegend elementarer Sauerstoff abgespalten, wobei die Zn^{++}-Ionen in normalen Gitterstellungen zurückbleiben. Ihre Ladungen werden durch die vom Sauerstoff verbliebenen Elektronen kompensiert. Im Endeffekt entsteht ein ZnO-Gitter mit Zn-Überschuß.

Genau das wird auch für unser ZnO 1000° zutreffen. Es gehörte nicht mehr zu den stöchiometrischen Oxyden, sondern mußte den anreduzierten Oxyden zugeordnet werden. Was bei diesen die Reduktion unter Wasserstoffstrom bewirkt hatte, war im Falle des ZnO 1000° durch Wärmediffusion erreicht worden. Ein Zinküberschuß aber verschlechtert, wie wir schon gesehen hatten, die Antifoulingwirkung, besonders dann, wenn dieser auch noch eine erhöhte Sinterung zur Folge hat. Beide Faktoren treffen für das ZnO 1000° zu. Seine geringe Antifoulingwirkung erfährt damit eine befriedigende Erklärung.

Bei der Produktion von Zinkoxyd für Außenanstriche muß man auch hier wieder die Gegenrichtung einschlagen: Kornvergrößerung, Zinküberschuß im Gitter mit nachfolgender H_2O_2-Inaktivität, starke Fluoreszenz und Kreidungsresistenz.

4. Energieübertragungsmechanismus

Aus den angeführten Beobachtungen und Meßergebnissen läßt sich folgender Reaktionsmechanismus für die Antifoulingwirkung ZnO-haltiger Unterwasseranstriche ableiten:

In der ersten Stufe fungiert ZnO nur als Energieüberträger, ohne selbst chemisch verändert zu werden. Es absorbiert den UV-Anteil des Sonnenlichtes, bevorzugt den um 3850 Å herum. Diese Energie von 3,1 eV reicht aus, Gitterelektronen anzuregen und auf das Leitungsband anzuheben. Dann ist die Energie nicht mehr lokalisiert, sondern kann mit den angeregten Elektronen durch das ganze Gitter wandern. Das Zinkoxyd kann als n-Halbleiter die Energie der angeregten Elektronen auf verschiedenen Wegen wieder abgeben. Dabei können die Übertragungseigenschaften des Oxyds in folgenden Reaktionen zum Ausdruck kommen:

1. In Abhängigkeit vom Gitteraufbau, insbesondere von Störstellen (Gitterverunreinigungen oder Zinküberschuß), gelangt das angeregte Elektron in ein Lumineszenzzentrum und gibt seine Energie als Licht ab. Man beobachtet Fluoreszenz.
2. Das Elektron wandert auf dem Leitungsband an die Korngrenze und gibt seine Energie an ein adsorbiertes Molekül ab.
3. Strahlungsloser Übergang in den Grundzustand, die Anregungsenergie geht in Schwingungsquanten über. Die Schwingung verbreitet sich von der Umgebung des Elektrons über das ganze Gitter.

Die Reaktion 1 ist für ein Antifoulingpigment wirkungslos, für ein Pigment im Außenanstrich dagegen von Vorteil. Umsetzungen werden nicht eingeleitet.

Reaktion 2 führt zu Aktivitäten, wie sie z. B. in der Bildung von H_2O_2 zum Ausdruck kommen können. Für die Antifoulingwirkung scheint dies der bestimmende Prozeß zu sein. Mit dieser Reaktion läßt sich der Einfluß der Korngröße ebenso wie die Bedeutung der Gitterordnung erklären. Ein regelmäßiges Gitter leitet die Elektronenenergie eher an die Kristallgrenze als ein solches mit Störstellen, in dem die Elektronen bereits im Kristallinneren abgefangen werden können. Der freie Durchgang durch die Korngrenze kann durch ungeeignete Oberflächen (Sintern) behindert werden. Im übrigen bestimmt die Oberflächenbeschaffenheit auch die Adsorption des Bindemittels und damit ebenfalls die Antifoulingwirkung. Diese Aktivitäten sind für Außenanstriche unerwünscht.

Reaktion 3 kann ebenfalls Umsetzungen einleiten. Ein Prozeß dieser Art scheint bei der katalytischen Wirkung des ZnO auf Fettsäuren eine Rolle zu spielen. Diese sind als negative Ionen an die Oberfläche adsorbiert und bilden für das angeregte Elektron ein Gegenpotential. Energieübertragung durch Schwingung wird aber nicht behindert. Die Beobachtung Winters und Whittems, daß bei der katalytischen Fettsäureoxydation in Gegenwart von ZnO wahrscheinlich $-CH_2-CH=CH$-Gruppen aktiviert werden, könnte man diesem Reaktionstyp zuordnen.

Wenn nach einer der beiden letzten Reaktionstypen die Energie auf das Bindemittel übertragen ist, hat das Zinkoxyd zunächst seine Funktion erfüllt. Jetzt hängt es vom Bindemittel ab, ob es die Energiequanten im Sinne einer Kreidung aufnehmen kann oder nicht. Wenn es dazu in der Lage ist, setzt der Kreidungsprozeß ein. Damit kommt es zur Antifoulingwirkung, in der nun das ZnO, sekundär, wieder die entscheidende Rolle spielt. Es wird von der Bindemittelumhüllung befreit und kann mit den Ionen des Meerwassers reagieren, um so besser, je feinkörniger es ist. Es geht dabei in Lösung und übt in der „laminaren Zone“ die Giftwirkung aus. Den Prozeß des Kreidens kann man durch Tempern oder Pigmentkonzentrationsveränderungen steuern. Das Tempern bei höheren Temperaturen verändert das Reaktionsvermögen des Oxyds in der ersten Stufe, der Energieübertragung; eine Erhöhung der Pigmentkonzentration greift in die zweite Stufe ein, indem die Bindemittelhülle bei Pigmenterhöhung schwächer wird und einem schnelleren Abbau ausgesetzt ist. Dabei wird gleichzeitig mehr Zink frei, das nun die zweite Funktion verstärkt: Vermehrtes Angebot von Giftionen.

Der von uns wiedergegebene Reaktionsmechanismus bedarf noch mancher experimenteller Stütze. Insbesondere muß das Verhalten von Fremdionen im Oxydgitter untersucht werden. Wir haben eine ganze Reihe solcher Pigmente inzwischen getestet und werden in nächster Zeit darüber berichten. Wir fanden keine Fakten, die dem Reaktionsmechanismus entgegenstehen.

Herr *O. Singer*, Leiter der Außenstelle Hiddensee, stellte mir alle Hilfsmittel des Institutes zur Verfügung. Ich möchte ihm dafür an dieser Stelle danken.

Meine Mitarbeiter, die mich bei der Durchführung der vorliegenden Arbeit unterstützten, verdienen auch hier besonders erwähnt zu werden: Frau *E. Korn* stellte die Pigmente her, Herr *E. Dittmann* übernahm die Zinkkonzentrations- und Aktivitätsbestimmungen und Herr *W. Gollnast* schließlich führte die Messung der photochemischen Aktivität durch.

LITERATURVERZEICHNIS

[1] RATHSACK, H. A., und RAUTENBERG, E.: Untersuchungen an Schiffsanstrichen. Abh. dtsch. Akad. Wiss. Berlin, Kl. Math., Phys. u. Tech. Nr. 5 (1958).

[2] WINTER, G., und WHITTEM, R. N.: Fluorescence and Photo-Chemical Activity of Zinc Oxide. J. Oil Colour Chemists' Assoc. **33**, (1950) 477.

[3] MORLEY-SMITH, C. F.: The Development of Anti-Chalking French Process Zinc Oxides. J. Oil Colour Chemists' Assoc. **33** (1950) 484.

[4] MORLEY-SMITH, C. F.: Zinc Oxide — A Reactive Pigment. J. Oil Colour Chemists' Assoc. **41** (1958) 85.

[5] HÄBERLING, H. W.: Über die Eigenschaften von Titandioxyd- und Zinkoxyd-Pigmenten in ihrer Beziehung zum Abkreiden. Dissertation Zürich 1954.

[6] HUGHES, W.: Physical Characteristics of White Pigments with Particular Reference to Titanium Dioxide. J. Oil Colour Chemists' Assoc **35** (1952) 535.

[7] RISCHBIETH, J. R.: Weathering Tests on Zinc Oxide Paints. J. Oil Colour Chemists' Assoc. **33** (1950) 471.

[8] RISCHBIETH, J. R.: Weathering Characteristics of Zinc Oxide Pigments. J. Oil Colour Chemists' Assoc. **40** (1957) 212.

[9] RISCHBIETH, J. R., und BUSSEL, K. R.: Weathering Tests of White Lead and Zinc Oxide Paints. J. Oil Colour Chemists' Assoc. **41** (1958) 862.

[10] BEUTEL, E., und KUTZELNIGG, A.: Zur Kenntnis der Fluoreszenz des Zinkoxydes. Wiener Akademieber. Abt. IIb **141** (1932) 437.

[11] BRAUER, G.: Hdb. der präparat. anorg. Chemie. Stuttgart 1954.

[12] RAGG, M.: Die Giftkonzentration in der laminaren Zone und die Resistenz der Bewuchsorganismen gegen die Wirkung giftiger Schiffsbodenfarben. Farbe u. Lack **58** (1952) 99.

[13] KORTÜM, G., und FINCK, B.: Über die Zinkbestimmung mit Dithizon. Chemie **57** (1944) 73.

[14] FISCHER, H., und LEOPOLDI, G.: Nachweis kleiner Zinkmengen mit Dithizon. Z. analyt. Chem. **97** (1934) 385.

[15] RAGG, M.: Die Kurzprüfung der Antifoulings. Farbe u. Lack **57** (1951) 139.

[16] MARKHAM, M. C., und LAIDER, K. J.: A Kinetic Study of Photo-Oxydations on the Surface of Zinc Oxide in Aqueous Suspensions. J. physic. Chem. **57** (1953) 363.

[17] WAGNER, C.: The mechanism of decomposition of nitrous oxide on zinc oxide as catalyst. J. chem. Physics **18** (1950) 69.

[18] VESELOVSKI, V. J.: Application of the photoelectro-chemical method to the study of heterogeneous photosensitives of the zinc oxide type. C. A. **42** (1948) 2522d.

[19] BAUR, E.: Photolyse und Elektrolyse. Helv. chim. Acta **1** (1917) 186.

[20] CHARI, C. N., und QURESHI, M.: Photochemical formation of H_2O_2 from water. I. In presence of ZnO. J. Indian Chem. Soc. **21** (1944) 97.

[21] YAMAGUZI, K., NISIOEDA, N., und IMAGAWA, H.: Mechanism of photochemical formation of hydrogen peroxide. Biochem. Z. **301** (1939) 404.

[22] VAIL, CH. B., HOLMQUIST, J. P., und WHITE, L.: Function of Organic Material in the Photochemical Formation of Hydrogen Peroxide at Zinc Oxide Surfaces. J. Amer. chem. Soc. **76** (1954) 624.

[23] THOMPSON, J. S.: Diskussion zu [3]. J. Oil Colour Chemists' Assoc. **33** (1950) 497.

[24] RIEHL, N., und ORTMANN, H.: Über den Aufbau des lumineszierenden ZnO. Z. Elektrochem. **60** (1956) 149.

[25] GOODEVE, C. F.: The Absorption Spectra and Photosensitising Activity of White Pigments. Trans. Faraday Soc. **33** (1937) 340.

[26] RAGG, M.: Schiffsbodenfarben und Schiffs-Anstrichmittel. Berlin 1955.

[27] HAUG, R.: Bestimmung und Bedeutung der Pigmentvolumenkonzentration. Dtsch. Farben-Zeitschr. **12** (1958) 163.

[28] LEE, V. J., und PARRAVANO, G.: Sintering Reactions of Zinc Oxide. J. appl. Physics **30** (1959) 1735.

[29] LEVERENZ, H. W.: Phosphors versus the periodic system of the elements. Proc. I. R. E. **32** (1944) 256.

[30] LEVERENZ, H. W.: Finale Reports on Radar Indicators. BP 25481.

[31] LEVERENZ, H. W.: Luminescence and tembrescence as applied in radar. RCA Review **7** (1946) 199.

[32] SCHRADER, R. E., und LEVERENZ, H. W.: Cathodoluminescence Emission Spectra of Zinc-Oxide Phosphors. J. opt. Soc. Amer. **37** (1947) 939.

[33] KLIKORKA, J., HORÁK, J., und ČELIKOWSKÝ, A.: Thermische Dissoziation von Zinkoxyd. Collect. czechoslov. chem. Commun. **24** (1959) 2160.

[34] D. P. [DDR] 57250, Kl. 22g.
B. P. 583. 456.

B. BIOLOGISCHER TEIL

Ellinor Rautenberg

Wir hatten bereits in den Untersuchungen der Jahre 1954—1956 (RATHSACK und RAUTENBERG 1958) beobachtet, daß aktive Unterwasseranstriche eine selektive Besiedlung aufwiesen. Im Vergleich zu dem Bewuchs neutraler Kontrollfarben, sowohl gleichzeitig als auch zu verschiedenen Zeitpunkten exponiert, hatte sich gezeigt, daß Schwärmer bzw. ansatzfähige Larven im Gewässer vorhanden gewesen waren. Der Ausfall bestimmter Besiedler auf einer Reihe von Farben mußte daher der Giftigkeit der Anstriche bzw. der geringeren Resistenz dieser Organismen zugeschrieben werden. Je nach der Stärke der Giftwirkung waren nacheinander bestimmte Formen von der Besiedlung ausgeschlossen worden, so daß verschiedene Stufen einer derartigen selektiven Kolonisation erkannt werden konnten. Die geringer werdende Artenzahl auf derartigen aktiven Anstrichen hatte eine sehr vermehrte Individuenzahl der vorhandenen resistenten Formen zur Folge gehabt, eine Erscheinung, die bekanntlich stets bei weniger günstigen Bedingungen beobachtet wird (THIENEMANN zitiert bei REMANE 1940). Charakteristisch für den Bewuchs der giftigen Anstriche war weiterhin gewesen, daß gerade solche Organismen bevorzugt hier gediehen, die auf neutralen Anstrichen mehr oder weniger unterdrückt worden waren.

Entsprechende Beobachtungen an Bewuchsgesellschaften vergifteter und unvergifteter Unterwasseranstriche liegen in den umfangreichen Untersuchungen von HARRIS (1947) und seinen Mitarbeitern vor (u. a. PYEFINCH 1945, 1951). Abgesehen von den in gleicher Weise beobachteten allgemeinen Erscheinungen bei selektiver Besiedlung, konnte bereits vorher an einigen hier und da gleichen Organismen ein hoher bzw. niedriger Resistenzgrad gegenüber Cu und Zn festgestellt werden. Im Vergleich zu den Ergebnissen der obengenannten Autoren, die, soweit uns bekannt ist, die ersten waren, die Unterwasseranstriche auf dieser ökologisch-soziologischen Basis getestet haben, konnte in vorliegenden Untersuchungen noch weiter gegangen werden. Es zeigte sich eine weitgehende Parallele zu den von PYEFINCH ermittelten fünf stufenweise aufeinanderfolgenden Bewuchsgesellschaften, die sich, je nach dem Grad der Giftwirkung von kupferhaltigen Anstrichen, herausgebildet hatten. Die Symbole, die PYEFINCH zur Kennzeichnung der Gesellschaften eingeführt hat, haben wir übernommen. Sie lassen sich ohne weiteres auf unsere für den gleichen Zweck benutzten Zahlen 1—5 übertragen, auch wenn sich in einigen Fällen Abweichungen zeigten. Diese sind darin begründet, daß bestimmte kritische Formen in unseren Gewässern nicht vorkommen, sondern durch andere ersetzt sind, außerdem haben wir mit einem anderen Gift gearbeitet. Die Art und Weise unserer Versuchsanlage schloß weiterhin zwei wichtige Organismen von dem direkten Test aus.

I. Versuchsserie 1957

1. Bewuchs neutraler Kontrollplatten

Wir haben unsere Versuchsanstriche von Ende Mai bis Mitte November getestet. In diese Zeit fällt die Hauptbewuchsperiode in hiesigen Gewässern. Im Vergleich zu den zinkhaltigen

Anstrichen soll zunächst der Bewuchsverlauf von neutralen Kontrollanstrichen, pigmentiert mit TiO_2, Eisenoxyd und Chromoxyd, in seinen Hauptzügen geschildert werden.

Die Bakterien- und Diatomeen-Phase (ALEEM 1957) mit den Hauptvertretern *Diatoma elongatam, Synedra tabulata, Cocconeis scutellum* und *Schizonema spec.* nebst eingestreuten *Cyanophyceen* (*Coelosphaerium minutissimum, Merismopaedia punctata*) und den kleinen Fadenalgen *Ulothrix subflaccida, Rhizoclonium hieroglyphicum* und *Spyrogyra spec.* dauerte etwa drei Wochen. Sie war auf den roten und grünen Platten oben deutlich intensiver gegenüber den weißen titanhaltigen Kontrollen, eine Erscheinung, die dem Helligkeitseffekt zuzuschreiben ist, wie wir in unserer ersten Ausführung dargelegt haben.

Darauf folgend setzte die Hydroid-Phase ein, in hiesigen Gewässern repräsentiert durch *Laomedea loveni*. Der Hydroid wurde auf den Oberseiten der betreffenden Anstriche in diesem Jahr in seiner stärkeren Ausbreitung behindert. Der Bewuchsverlauf gifthaltiger Anstriche sowie Beobachtungen früherer Jahre hatten gezeigt, daß *Laomedea loveni* größeren Algen gegenüber als Platzkonkurrent unterlegen ist. Zur gleichen Zeit wie dieser Hydroid — drei Wochen nach der Exposition — wurden Keimlinge von *Ectocarpus* und *Ceramium* gefunden. *Enteromorpha* und *Cladophora* hatten sich 3—4 Wochen später angesiedelt. Zu diesem Zeitpunkt wurden auch, wie in den vorangegangenen Jahren, in großer Zahl die Schlickröhren des Amphipoden *Microdeutopus gryllotalpa* gefunden. In dem Zeitraum der beginnenden Ansiedlung größerer Algen bis zu ihrer stärkeren Entfaltung Anfang August waren mengenmäßig einige kleine Fadenalgen dominierend (bis 2 cm lang): *Lyngbya majuscula* mit epiphytisch wachsender *Asterocytis ornata, Spyrogyra spec., Rhyzoclonium hieroglyphicum* und *Zygnema spec.* Zahlenmäßig gingen diese Algen im weiteren Verlauf rasch zurück, ließen sich aber besonders in den Schlickröhren bis zum Versuchsende beobachten. Zahlreich, aber nur kurzfristig vorhanden waren im Juli außerdem *Anabaena torulosa* (lagerbildend) und *Anabaena variabilis* (siehe LINDSTEDT 1943).

Nach ALEEM und den dort zitierten Ergebnissen anderer Autoren folgt im Besiedlungsverlauf eines neuen, unbewachsenen Untergrundes auf die Hydroid-Phase eine Ectocarpales-Phase. Diese war auf den Oberseiten der titanweißhaltigen Farben T 1, T 2 und 67 bis 72 gut ausgeprägt. Von August bis Mitte September dominierte unter den Fadenalgen *Ectocarpus siliculosus* (bis 20 cm lang). Auch andere Vertreter aus der Ordnung der Ectocarpales traten Ende Juli auf und breiteten sich in den folgenden Wochen stärker aus: *Streblonema oligosporum, Porterinema fluviatile, Ascocyclus Magni* und *Desmotrichum.* Diese Arten, die bis zu 2 mm breite braune Scheiben auf den Anstrichen bildeten, sind im Habitus der von ALEEM in dieser Phase beobachteten *Myrionema* ähnlich. Auf den roten und grünen Farben traten *Ectocarpus* und *Porterinema* zurück, es dominierte *Enteromorpha Ahlneriana* (nach BLIDING), die Längen bis zu 0,5 m erreichte.

Dieses Bewuchsbild mit dominierender *Enteromorpha* muß wohl eher als typisch für einen bewachsenden neutralen Grund nahe der Wasseroberfläche angesehen werden (siehe auch ALEEM). *Ectocarpus* wird allgemein von *Enteromorpha* unterdrückt, wie aus der Literatur (BETH 1952; HARRIS 1947) und aus unseren eigenen Beobachtungen bekannt ist. Die Ursache für die gut ausgeprägte Ectocarpales-Phase dürfte in der Beschaffenheit der betreffenden Anstriche zu suchen sein, die offenbar nicht die für *Enteromorpha* optimalen Bedingungen schufen. Da sich beide Arten in verschiedener Weise an der Unterlage befestigen, könnte an einen dahingehenden Einfluß gedacht werden. *Enteromorpha clathrata, Cladophora glaucescens, C. gracilis, C. fracta* (*Cladophora* wurde nach LAKOWITZ bestimmt), *Ceramium diaphanum* und *Polysiphonia nigrescens* sind als weitere Vertreter der größeren Algenflora auf allen Kontrollanstrichen aufgetreten. An ihrer Mikrovegetation hatten vom Sommer an bis zum Spätherbst in steigendem Maße Anteil die Cyanophyceen *Calothrix scopulorum* und *Rivularia atra* sowie die Diatomeen *Mastogloia Smithii, Epithemia sorex, Epithemia turgida, Rhopalodia ventricosa* (*Gomphonema olivaceum*) und *Nitzschia filiformis* neben einigen der anfangs bereits genannten Arten.

Die Einrichtung unserer Versuchsanlage (waagerecht) brachte nach der Hydroid-Phase, die Ober- und Unterseite noch gemeinsam war, eine Scheidung im weiteren Bewuchsverlauf mit sich. Auf den Unterseiten begannen sich Ende Juni/Anfang Juli *Balanus improvisus* und *Membranipora crustulenta* anzusiedeln. Die Balanus- und die Bryocoen-Phase (Aleem) fielen hier zeitlich etwa zusammen. *Membranipora* hatte nach einigen Wochen die jeweils verfügbare Plattenfläche überzogen, teilweise wurden ihre Kolonien mit roten schleimigen Flecken bedeckt, die *Spirulina rosea* (nach Lindstedt) angehörten. Nur noch zwei weitere tierische Sessile, abgesehen von sessilen Ciliaten, kamen im Spätsommer in vereinzelten Exemplaren hinzu: *Clava multicornis* und *Spirorbis*. Mit ihnen hatte sich der Vorrat an hier verfügbaren größeren sessilen Arten erschöpft, wie in unserer ersten Ausführung erwähnt worden ist. Eine Ectocarpales-Phase, wie sie sich auch bei wenig günstigen Lichtverhältnissen einstellt (siehe Aleem), wurde zwar an diesen Kontrollplatten nicht beobachtet, wohl aber an einer Reihe von Anstrichen, die auf Grund ihrer Giftigkeit (ZnO, organische Gifte) die Ausbreitung von *Membranipora* einschränkten. Die vielen Basalscheiben von Braunalgen, die hier zu finden waren, hatten allerdings nur in wenigen Fällen aufrechte Fäden gebildet, die *Streblonema*, *Ascocyclus* und *Pylaiella* erkennen ließen. Ihre Chromotophoren waren intensiv dunkelbraun gefärbt.

Vom Ende September an war auf den Plattenoberseiten *Ceramium diaphanum*, begleitet von *Polysiphonia nigrescens*, stärker aufgekommen. *Ectocarpus* und, in fortschreitendem Maße, auch *Enteromorpha* wurden durch diese Rotalgen aus ihrer dominierenden Stellung verdrängt. Hier liegt offenbar eine jahreszeitlich bedingte Veränderung im Bewuchsbild vor — Rückgang respektive Absterben der Grünalgen am Ende der Vegetationsperiode und herbstliches Maximum der Rotalgen —, die nicht als Phase einer sukzessiven Besiedlung zu bewerten ist. Da unsere Gewässer während des Winters für kürzere oder längere Zeit zufrieren, sind wir gezwungen, jeweils unsere Versuchsanlage abzubrechen. Wir können daher die Anstriche nur eine begrenzte Zeit hindurch testen. Einige vergiftete Platten haben wir in Seewasseraquarien überwintern lassen und sie im darauffolgenden Frühjahr wieder exponiert. Es ist uns aber leider nicht möglich zu erfahren, durch welche Arten ein Klimaxstadium (Scheer 1945, Caspers 1952) auf neutralem Grund repräsentiert bzw. ob ein solches überhaupt hier deutlich wird.

2. Bewuchs der Vinoflexreihe

Es ließ sich während des Sommers erkennen, daß nach Maßgabe der jeweiligen Aktivität der Pigmente bestimmte Besiedler auf den Oberseiten unterdrückt oder völlig ausgeschlossen wurden. Hierzu kann an Hand der Abb. 12 im chemischen Teil verglichen werden, wie Höhe der Zinkabgabe und Bewuchsminderung respektive Reduktion der Artenzahl konform gehen.

Die Grünalgen *Enteromorpha* und *Cladophora* wurden als erste ausgeschlossen. Es genügte die geringste Giftwirkung, um sie zurückzudrängen. Auf Platten, die noch allen übrigen Besiedlern Ansatz und Ausbreitung gestatteten, waren diese Algen entweder in vereinzelten, wenige Zentimeter messenden Exemplaren vorhanden oder nur mikroskopisch sichtbar. Auf jenen Anstrichen dominierte im Sommer *Ectocarpus*, später *Ceramium*.

Ein höherer Grad an Aktivität bestimmter Anstriche wurde durch den Ausschluß aller größeren Algen und einiger Vertreter der Mikrovegetation angezeigt. Als einziger größerer Besiedler trat hier *Laomedea loveni* auf, die in dieser Stufe eine maximale Ausbreitung erfuhr,

Tabelle 6. Zusammensetzung der Bewuchsgesellschaften bei Versuchsbeendigung 1957 (Plattenoberseiten)

Stufe 1	**Amphora** (Synedra) oder frei				
Stufe 2	**Amphora,** Synedra	**Ulothrix*, Porterinema*** (Laomedea*, Ausläufer vom Rand)			
Stufe 3	**Amphora,** Synedra	**Ulothrix, Porterinema**	**Laomedea,** Schlickröhren Keimlinge: Ceramium*, Polysiphonia*, Ectocarpus*, Enteromorpha*, Cladophora*, Schizonema* u. a. wenige Diatomeen, Calothrix*		
Stufe 4	Amphora, Synedra (Spuren)	Ulothrix, Porterinema (Spuren) (Spuren)	Laomedea, **Schlickröhren**	**Ceramium,** Ectocarpus, Polysiphonia, Enteromorpha, Cladophora, **Streblonema*, Ascocyclus*,** Desmotrichum*, **Mastogloia, Epithemia, Gomphonema*,** Schizonema, **Calothrix**	
Stufe 5	Amphora, Synedra (Spuren)	Ulothrix, Porterinema (Spuren) (Spuren)	Laomedea, **Schlickröhren** (Spuren)	Ceramium, Polysiphonia, Ectocarpus, **Streblonema, Ascocyclus, Mastogloia, Epithemia, Rhopalodia, Calothrix,** Gomphonema, Schizonema (Spuren) (Spuren)	**Enteromorpha,** Cladophora (dominierend bis Mitte Oktober) Rivularia atra*

* = Erscheint erstmalig in dieser Stufe.

da die Konkurrenten wegfielen. Einer noch weiter gesteigerten Wirksamkeit des Zinks war auch dieser Hydroid nicht mehr gewachsen. Eine Reihe von Anstrichen blieb entweder frei oder gestattete nur den resistentesten unter den Diatomeen, nämlich *Synedra tabulata* und *Amphora spec.*, bzw. nur eine der letzten Ansiedlung.

Bei Beendigung des Freiwasserversuchs zeichneten sich die Unterschiede in der jeweiligen Zusammensetzung der Bewuchsgesellschaften noch klarer ab, nachdem in den letzten Wochen mit teilweise nachlassender Aktivität eine Intensivierung bzw. Neubesiedlung stattgefunden hatte. Bei Einbeziehung der ungiftigen Kontrollen ließen sich fünf wohl definierte Stufen erkennen, die in Tabelle 6 kurz charakterisiert sind. Es werden nur die am häufigsten vertretenen Arten behandelt.

Zu dem Bewuchsbild der Stufe 4, das sich wesentlich von dem der vorhergegangenen unterscheidet, führten in dieser Versuchsserie zwei Zwischenstufen. Die erste zeigte noch weitgehend die Merkmale der Stufe 3. Es fanden sich aber bereits an den Rändern Scheiben von *Streblonema* und *Ascocyclus* vor. *Ceramium* und *Ectocarpus*, zwar überwiegend noch als Aufwuchs an *Laomedea*, wuchsen in wenige Millimeter hohen Exemplaren auch auf den Anstrichen. *Calothrix* und die empfindlicheren Diatomeenarten wurden häufiger gefunden. — Das Bewuchsbild der anderen Zwischenstufe dagegen schloß sich mehr an das der Stufe 4 an: Formen, die bisher vorgeherrscht hatten, bestimmten das Gesamtbild nicht mehr.

Die Abb. 16—19 zeigen im Vergleich Beispiele für die oben erläuterten Stufen und Zwischenstufen.

Drei Faktoren, jahreszeitliches Vorkommen, Konkurrenzfähigkeit und unterschiedlich hohe Giftresistenz, die gemeinsam die Zusammensetzung dieser Bewuchsgesellschaften bestimmt haben, ließen sich in ihrer Wirkung im einzelnen recht gut voneinander abgrenzen. Es seien hierzu einige Beispiele angeführt. So hat *Laomedea* innerhalb der Bewuchsgesellschaften einen bestimmten „Existenzbereich“, nach der einen Seite begrenzt durch die nur mäßige Giftresistenz, nach der anderen durch geringere Konkurrenzfähigkeit. — *Ulothrix*, zwar auch in den anfänglichen Besiedlungsstadien vorhanden, erfährt aber offenbar im Sommer keine stärkere Ausbreitung, sondern hat seine Maxima im Frühjahr und Herbst (siehe RATHSACK und RAUTENBERG 1958). Zu diesem letzten Zeitpunkt konnte die Alge auf bereits stärker bewachsenen Anstrichen nicht wesentlich aufkommen, hingegen aber dort, wo empfindlichere Formen ausgeschlossen worden sind. — Die Diatomee *Gomphonema olivaceum* siedelt sich hier im Spätsommer und Herbst an (siehe auch frühere Beobachtungen). Sie hat nur einen schmalen optimalen „Existenzbereich“ innerhalb der Bewuchsgesellschaften, da sie empfindlich gegenüber Zink ist und sich andererseits auf stark bewachsenen Anstrichen nur mehr geringfügig ausbreiten konnte. *Ulothrix* und *Gomphonema* standen gewissermaßen füreinander. In der Bewuchsgesellschaft der Stufe 4 wurden die von größerem Bewuchs und Schlickröhren freien Stellen von *Gomphonema*, in den Stufen 2, 3 und 3—4 von *Ulothrix* überzogen. Das ließ sich bereits mikroskopisch an dem Wechsel von Grün nach Hellbraun erkennen. Nur in Stufe 4—3 kamen beide Arten nebeneinander vor. — *Schizonema* zeigt, ähnlich wie *Ulothrix*, Perioden stärkerer Entfaltung (RATHSACK und RAUTENBERG 1958). Ihr diesjähriges herbstliches Maximum machte sich nur in den Stufen 3—4 und 4—3 bemerkbar mit deutlicher Abgrenzung nach beiden Seiten. — Geringe Konkurrenzfähigkeit besitzen *Porterinema* und *Amphora*. Dank ihrer Giftresistenz erfuhren sie aber auf aktiven Anstrichen eine massenhafte Entfaltung. — Eine zunehmende Vermehrung in umgekehrter Richtung zeigten besonders *Enteromorpha*, *Streblonema*, *Ascocyclus*, *Calothrix* und *Mastogloia*. Die empfindlichste Form war *Rivularia atra*, deren Kolonien ausschließlich im Bewuchsbild der Stufe 5 auftraten. — Den weitesten „Existenzbereich“ aller beobachteten Besiedler hatte *Synedra tabulata*. Sie kam auch in Stufe 5 in nennenswerter Anzahl vor, die höchsten Individuenzahlen wurden auf wenig bewachsenen Anstrichen erzielt.

3. Vergleich mit den Bewuchsgesellschaften aus dem Firth of Clyde

Der Bewuchs kupferhaltiger Anstriche wird von PYEFINCH (1945) folgendermaßen charakterisiert:

Stufe 1 „(1) Symbol o. Paints unfouled, or fouled with diatom only (at Millport, paints in this categorie are almost always fouled with *Amphiprora*. *Achnanthes* may be present in small amounts, but paints fouled with this diatom almost invariably — for other reasons — fall into the next category).“

Stufe 2 „(2) Symbol O. Paints fouled with diatom (often *Amphiprora* and *Achnanthes*, sometimes *Achnanthes* only); with *Ulothrix* (this alga usually appears on paints at this stage, as short filaments, closely associated with the diatom slima and giving a green colour to the latter) and with nonsignificant ratings (up to 1) of the most resistant of the larger fouling organisms (chiefly *Tubularia*).“

Stufe 3 „(3) Symbol f. *Diatom* and *Ulothrix* fouling may still be present but the characteristic feature of the fouling of paints in this category is the presence of the larger resistant fouling organisms (‚Brown mats‘ *Tubularia*, *Enteromorpha*) in significant amounts. Traces of less forms (specified in the section below) may also be present.“

Stufe 4 „(4) Symbol F. Resistant forms may still be present, but significant quantities of forms only moderately resistant (*Ectocarpus* and possibly *Fragilaria; Balanus* and *Obelia*) are characteristic of paints in this category. *Diatom* and *Ulothrix* fouling is less conspicuous, being largely eliminated or obscured by the growth of these other form.“

Stufe 5 „(5) Symbol FF. Paints which are heavily fouled, often with a variety of organisms, including one or more of the most sensitive types characteristic of paints which are virtually nontoxic.“

Hoch wirksame Anstriche (o) waren auch bei uns durch das Vorkommen von nur einer oder allenfalls zweier Diatomeenarten gekennzeichnet. Wie PYEFINCH in einer weiteren Veröffentlichung (1951) ausführt, zeigen auch Arten der Gattung *Amphora* gegenüber Kupfer den höchsten Resistenzgrad.

Für Stufe 2 (O) charakteristisch war hier wie da der grüne Überzug mit mikroskopisch kleiner *Ulothrix*. *Achnanthes* spielte bei uns in dieser und allen weiteren Stufen eine untergeordnete Rolle. Nur in einem Falle ließ sich genau das von PYEFINCH beschriebene Bild beobachten (mit *A. minutissima*), zwar nicht in dieser Serie, sondern auf einem mit Kupfer, Zink und Quecksilber vergifteten Kontrollanstrich nach $1^1/_2$jähriger Exposition (einschließlich der Überwinterung im Seewasseraquarium).

Diejenigen Anstriche, die wir der Stufe 2 zugeordnet haben, erhalten beim Vergleich mit den Bewuchsgesellschaften PYEFINCHS und der Übertragung seiner Symbole auf die unseren eine Zwischenstellung (O/f). Ausschlaggebend hierfür war das Vorkommen von *Porterinema*, einer der Braunalgen, für deren Habitus PYEFINCH die Bezeichnung „brown mats“ gebraucht. Diese Bewuchskomponente fällt als Charakteristikum bereits der nächsten Stufe zu.

Tubularia, ebenfalls typisch für Stufe 3 (f), kommt in unseren Gewässern nicht mehr vor. Die Bewuchsgesellschaft dieser Stufe war hier gleichfalls ausgezeichnet durch dominierenden Hydroidenbewuchs. Es fehlte jedoch auf zinkhaltigen Anstrichen in dieser Stufe *Enteromorpha*, abgesehen von mikroskopisch kleinen Exemplaren. Diese Alge zeigt nach PYEFINCH und HARRIS eine höhere Giftresistenz bei optimalen Lichtbedingungen, also nahe der Wasserlinie. *Enteromorpha* siedelte sich aber in unserer Versuchsserie 1958 (siehe weiter unten) auch hier nicht an. Den besseren Entwicklungsbedingungen, die die Alge bei günstigeren Lichtverhältnissen hat, setzten gleichzeitig die Anstriche eine durch Licht gesteigerte Aktivität entgegen. Die Abwesenheit der offenbar zinkempfindlichen *Enteromorpha* auch an der Wasserlinie ist daher zu erklären. Ob andere Arten der betreffenden Gattung resistenter gegenüber Zn sind, kann nicht gesagt werden, *E. clathrata* und *E. Ahlneriana* zählen jedenfalls zu den empfindlichsten Formen, die wir beobachten konnten. — Weiss (1947) setzt übrigens die Cu-Resistenz von *Enteromorpha* nicht so hoch an wie Pyefinch. So wird in der Reihenfolge der gegenüber Cu toleranten Formen *Polysiphonia* vor *Enteromorpha* angegeben, wie das auch

Tabelle 7. Bewertung der Anstriche nach ihren Bewuchsgesellschaften (Oberseiten), Symbole nach Pyefinch *(vgl. a. Abb. 1)*

Nr.	Stufe		Nr.	Stufe	
1	F/f		43	O/f	
2	F/f		44	O/f	
3	f/F	ZnS	45	O/f	ZnO + 5% Zn
4	F/f		46	O/f	
5	f/F		47	o	
6	F/f		48	o	
7	F/f		49	O/f	
8	F		50	O/f	
9	F/f	ZnS + Cu	51	o	ZnO 700° C
10	F/f		52	o	
11	f/F		53	o	
12	F/f		54	o	
13	F/f		55	f/F	
14	F/f		56	f/F	
15	F/f	ZnS + Co	57	f	ZnO 1000° C
16	F/f		58	f	
17	f/F		59	f	
18	f/F		60	f	
19	f/F		61	O/f	
20	F/f		62	O/f	
21	f/F	$ZnSiO_3$	63	o	ZnO
22	F/f		64	o	
23	f		65	o	
24	f		66	o	
25	O/f		67	F	
26	O/f		68	F	
27	O/f	ZnO + [Zn] 600°C	69	F	
28	O/f		70	F	TiO_2
29	O/f		71	F	
30	O/f		72	F	
31	O/f		73	FF	
32	O/f		74	FF	
33	O/f	ZnO + [Zn] 700°C	75	FF	
34	O/f		76	FF	Chromoxydgrün
35	O/f		77	FF	
36	O/f		78	FF	
37	F/f		79	FF	
38	F/f		80	FF	Eisenoxydrot
39	f/F	ZnO + [Zn] 1000°C	81	FF	
40	F/f		82	FF	
41	f/F		83	FF	
42	f/F		84	FF	

Abb. 16. Bewuchs der Oberseiten, Versuchsende 1957
Die Nrn. 10, 12, 20 = Stufe 4—3; 18 = Stufe 3—4; 73, 74 = Stufe 5; 26, 28 = Stufe 2

Abb. 17. Bewuchs der Oberseiten, Versuchsende 1957
Die Nrn. 72 = Stufe 4; 66 = Stufe 1; 60 = Stufe 3

Abb. 18. Bewuchs der Oberseiten, Versuchsende 1957
Die Nrn. 51, 53, 63, 65 = Stufe 1; 59 = Stufe 3; 78 = Stufe 5

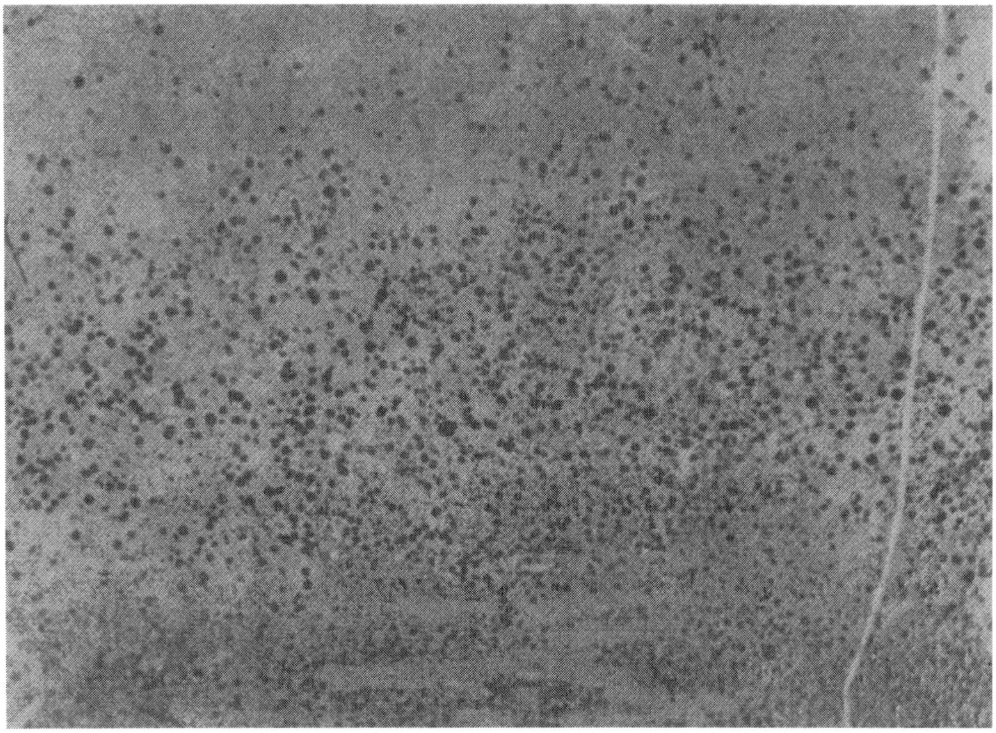

Abb. 19. Bewuchsstufe 2 (Detailaufnahme)

in unseren Versuchen mit Zn zutraf. Von Interesse mag auch sein, daß diese Alge gegenüber einem anderen Schwermetallgift, nämlich Hg, wesentlich empfindlicher ist als gegenüber Cu (WEISS, HARRIS).

An charakteristischen Arten, die PYEFINCH zur Kennzeichnung der Stufe 4 (F) anführt, bleibt im Vergleich zu unseren Ergebnissen nur *Ectocarpus* übrig. *Balanus* siedelte sich hier allgemein auf den Plattenunterseiten an, *Obelia* kommt nicht mehr vor. Aber hier wie da konnte von dieser Stufe an die Ausschaltung der bisher dominierenden Formen aus dem Bewuchsbild beobachtet werden.

Bei abnahmender Giftwirkung werden die Unterschiede im Bewuchsbild beider Gewässer größer, da mit der Ansiedlung bisher ausgeschlossener Arten für die das betreffende Gebiet typische Gesellschaft aufkommen kann.

In unseren Gewässern ist die Zahl der Arten beschränkt. Wie aus den Untersuchungen von HARRIS und PYEFINCH hervorgeht, sind aber z. B. *Ulva*, *Punctaria*, *Laminaria* und *Desmarestia* sowie unter den tierischen Besiedlern Röhrenwürmer, Muscheln und Tunicaten sehr empfindlich gegenüber Schwermetallgiften. Die Ansiedlung dieser Arten zeigt die weitgehende Erschöpfung an Gift bzw. ein Versagen des Anstrichs an. Anhand dieses Ergebnisses dürfte der praktische Wert derartiger Untersuchungen in einem artenärmeren Gewässer nicht herabgesetzt sein.

4. Unterseiten der Vinoflexreihe

Auf den entscheidenden Einfluß, den das Licht auf die Aktivierung der zinkhaltigen Pigmente ausübt, wurde in unserer ersten Ausführung bereits hingewiesen. In dieser Serie konnte ebenfalls beobachtet werden, daß in der Bewuchsintensität der Unterseiten nur eine geringe Beziehung zur jeweiligen Aktivität der entsprechenden Oberseiten besteht. Die Diatomeenflora enthielt Formen aus allen Bewuchsstufen und war in ihrer artenmäßigen Zusammensetzung überall gleich. Der Unterschied in der Stärke ihrer Ausbildung ließ sich nur bis zur stärkeren Ausbreitung der Kolonien von *Membranipora*, also bis August beobachten, und zwar war die Primärschleimdecke dünner bei den Reihen ZnO + [Zn] 600°C, ZnO + [Zn] 700°C, ZnO + 5% Zn, ZnO 700°C, ZnO 1000°C, da also, wo bei Versuchsende auch die besten Resultate auf den Oberseiten verzeichnet werden konnten (mit Ausnahme von ZnO 1000°C). Konform mit einer schwächeren Primärschleimdecke ging während des Sommers auch die Ausbreitung der Bryozoenkolonien. Diese vollzog sich gegenüber den anderen Anstrichen langsamer, die kreisausschnittförmigen Kolonien mit den gezackten Rändern ließen einen deutlichen Gifteinfluß erkennen (RATHSACK und RAUTENBERG 1958). Bei Versuchsende zeigte sich ein solcher nur noch auf den Platten aus der Versuchsstufe O und einigen der Stufe O/f. Die Anstriche waren nicht, wie alle übrigen, zu 100%, sondern nur zu 10—75% überzogen. Die Kolonien lagen häufig in doppelter Schicht übereinander, was darauf schließen läßt, daß die untere abgestorben war. — Die für die jeweils sechs Platten aus einer Reihe durchschnittliche Zahl an *Balanus*, zusammengestellt in Tabelle 8, läßt einen Einfluß des Zn gegenüber den Kontrollen erkennen, besonders wieder bei denjenigen Anstrichen, deren Bewuchs auf den Oberseiten den Stufen o und O/f entspricht. Abnormal ausgebildete Exemplare waren nicht zu finden.

Tabelle 8. Durchschnittszahl von Balanus, Vinoflexreihe

Pigment	Anzahl
A	34
D	37
C	37
F	43
E	44
B	47
G	55
J	57
H	61
L	69
K	69
TiO_2	73
Chromoxyd	96
Eisenoxyd	108

Ansatz und Ausbreitung von *Laomedea* waren nirgends beeinträchtigt. Dieser Hydroid, als kritische Form bereits für den

Bewuchs der Oberseiten angeführt, zeigt an, daß nirgends die günstigen Stufen o und O erreicht worden sind, sondern daß das Bewuchsbild trotz der immerhin sichtbaren Unterschiede in allen Fällen nur der Stufe F zugeordnet werden kann (siehe auch Pyefinch).

5. Bewuchs der Colophonium-Alpexreihe

Die in dieser Serie hoch pigmentierten und stark kreidenden Anstriche hielten bis Ende September jeglichen Bewuchs auf den Oberseiten fern, mit Ausnahme von L I 1 und L I 2. Diese beiden Platten zeigten im Bewuchsverlauf und bei Versuchsende das Bild der Stufe F/f, nur mit dem geringfügigen Unterschied, daß hier *Ectocarpus* über *Ceramium* dominierte.

Die Besiedlung der übrigen Anstriche, die während der letzten 7 Wochen spontan und intensiv eingesetzt hatte, erfolgte wiederum nach artenmäßiger Zusammensetzung und nach der Gesamtstärke in bestimmten Stufen. So zeigten die Platten des Anstrichs B entweder nur einen Bewuchs mit *Amphora* und *Synedra* bzw. entlang der Ränder außerdem einen grünen Schimmer von *Ulothrix*, vereinzelten Scheiben von *Porterinema* und mikroskopisch kleinen Fäden von *Ectocarpus*. Drei Platten konnten somit der Stufe o, eine $o/_{o/f}$ zugeordnet werden. Etwas intensiver war der Bewuchs in dieser Zusammensetzung auf zwei Platten der Farbe G, er fiel in die Stufe O/f, während zwei Platten mit o bewertet werden konnten. Den typischen Bewuchs der Stufe O/f zeigten weiterhin alle Testplatten der Farben H, J, K und L. Sie waren aber außerdem massenhaft mit mikroskopisch kleinen bis 2 mm hohen Exemplaren von *Ectocarpus* bewachsen. Diese Anstriche müßte man eventuell mit f/O bezeichnen, zumal sich bei einigen entlang der Ränder bereits empfindlichere Formen (*Schizonema* und andere Diatomeen, Millimeter hohes *Ceramium*) sowie Schlickröhren vorfanden, außerdem *Laomedea*. Auf jeweils zwei Testplatten der Farben D und C ließ sich das eben beschriebene Bewuchsbild beobachten, auf den anderen das nächstfolgende, das für A, E und F charakteristisch war, wenn auch die Intensität auf den einzelnen Platten nicht überall gleich war. Hier hatte sich ein 1—2 cm hoher Rasen von *Ectocarpus* ausgebreitet, begleitet von 2—3 mm hohem *Ceramium* und eingestreuten *Enteromorpha*- und *Cladophora*-Keimlingen. *Ulothrix* war zurückgedrängt, neben *Porterinema* kamen auch die Scheiben der anderen „brown mats" vor. *Schizonema* war die dominierende Diatomeenart, daneben *Gomphonema* und andere empfindliche Arten. Schlickröhren gab es in großer Zahl. Nach ihrem Bewuchsbild sind diese Farben zwischen f und F einzuordnen.

Auf der Abb. 5 sind die Ergebnisse dieser Reihe als Diagramm wiedergegeben. Sie sind denen der Vinoflexreihe gerade entgegengesetzt. Die Ursachen hierfür werden im ersten Teil ausführlich behandelt (siehe S. 14). Besonders interessant war der Bewuchs einer Platte mit dem Pigment C, da er deutlich den Zusammenhang zwischen Licht und der unterschiedlich hohen Resistenz bestimmter Besiedler demonstrierte (Abb. 20).

Der dichte Rotalgenbewuchs des Holzrahmens beschattete offensichtlich Teile der Platten, die dadurch abgeschwächte Aktivität war allgemein ersichtlich aus den jeweils resistenteren Formen entlang der Ränder. Auf C fanden sich hier massenhaft Scheiben von *Ectocarpus*, deren Dichte und Größe nach der Mitte zu abnahmen. Zwischen dieser *Ectocarpus*-Zone und der bewuchsfreien Mitte fand sich ein unregelmäßig ausgebuchteter *Ulothrix*-Gürtel (die Schattenkonturen anzeigend?), der seinerseits in die lockerer bewachsene *Ectocarpus*-Zone hineinreichte. *Ectocarpus* vermochte der resistenteren *Ulothrix* nicht zu folgen, deren Ausbreitung wurde wiederum durch höhere Aktivität des Anstrichs unterbunden. Eine ähnliche Beobachtung über die Verteilung von Organismen mit verschieden hoher Resistenz bei nachlassendem Gifteinfluß von einem bewuchsfreien Zentrum aus führt auch Harris an (Seite 316).

Abb. 20. Pigment C der Colophonium-Alpexreihe, Oberseite. Zwei Gürtel umsäumen die bewuchsfreie Mitte (*Ectocarpus* außen, *Ulothrix* innen)

6. Unterseiten der Colophonium-Alpexreihe

Primärschleimdecke, Ausbreitung der Bryozoenkolonien und Anzahl *Balanus* (Tabelle 9) waren beeinträchtigt auf den Anstrichen A, C, D, E, F, auf denjenigen also, die sich auch in der Vinoflexreihe gegenüber den anderen als etwas besser erwiesen hatten. Das, was über die Eingruppierung in dieser Reihe ausgeführt wurde, gilt auch hier.

II. Versuchsserie 1958

1. Bewuchs der zinkhaltigen Anstriche

Die Anstriche wurden über eine gleiche Zeitspanne wie die Versuchsserie von 1957 getestet. Der Bewuchsverlauf unwirksamer Kontrollanstriche und unvorbehandelter Holzrahmen entsprach in seinen Hauptzügen dem des Vorjahres. An Intensität wurde der Bewuchs von dem diesjährigen noch übertroffen. Demgegenüber war die Besiedlung ZnO-haltiger Anstriche, Mitte Juli einsetzend, geringfügig und ausgesprochen selektiv. Es fehlten alle größeren Algen. *Laomedea* faßte erst im Herbst in vereinzelten Exemplaren auf bestimmten Platten Fuß, das gleiche traf für den Ansatz von *Balanus* zu. An größeren Formen wurde in nennenswerter Menge nur *Membranipora* beobachtet, deren Kolonien aber einen deutlichen Gifteinfluß erkennen ließen (siehe oben). Im Sommer dominierend war eine bisher hier unbekannte Alge aus der Ordnung der *Chrysotrichales*, die zur Gattung *Apistonema* gehört[1]). Diese Alge bildete auf bestimmten Platten einen mehr oder weniger intensiven bräunlichen Überzug, an dem außerdem verschiedene Diatomeen beteiligt waren, so besonders *Epithemia sorex*, daneben *Synedra tabulata*, *Diatoma elongatum* und *Amphora*. Eingestreut waren außerdem blaugrüne Flecke von *Calothrix scopulorum*, die sich zum Herbst hin vergrößerten. Unterschiede in der Intensität der Besiedlung mit den genannten Organismen ergaben sich sowohl zwischen Vinoflex- und Colophonium-Alpexreihe als auch innerhalb dieser Reihen je nach der thermischen Vorbehandlung des Pigments. In jeder der insgesamt vier senkrechten Reihen machten sich Wassertiefe und Himmelsrichtung geltend. Die Südseiten aller Platten waren weniger bewachsen als die Nordseiten, an Intensität nahm der Bewuchs deutlich von oben nach unten zu.

Tabelle 9. Durchschnittszahl von Balanus, Colophonium-Alpexreihe

Pigment	Anzahl
F	34
D	42
A	46
C	48
B	57
E	63
K	67
H	76
TiO_2(I)	79
L	92
LI	95
G	108
TiO_2(TI)	110
J	116

Im weiteren Verlauf konnte von Ende August an eine Bewuchsverminderung beobachtet werden. Die Kolonien von *Membranipora*, offenbar abgestorben, wurden nach und nach abgespült. Sie erhielten sich auf Platten mittlerer Wirksamkeit nur entlang der oberen, von der Holzleiste beschatteten Kante, außerdem entlang der Seitenränder. Auf weniger wirksamen Anstrichen blieben sie, teils auch in verminderter Anzahl, auf der eigentlichen Plattenfläche haften. Die Anstriche, die in der Zusammenstellung bei Versuchsende als frei von Bryozoenbewuchs angegeben sind, hatten auch im Sommer keinen aufzuweisen gehabt. Kon-

[1]) Die Identifizierung wurde von Herrn Dr. Mats Waern, Uppsala, bestätigt.

form mit dem Ansatz bzw. Abfall der Kolonien von *Membranipora* ging der übrige Mikrobewuchs. Es ließen sich Ende August noch massenhaft leere Schalen von *Epithemia* beobachten, bis zum Versuchsende verschwanden sämtliche Diatomeenarten weitgehend mit Ausnahme von *Amphora*, die sich ihrerseits stark vermehrt hatte. Auf hoch wirksamen Anstrichen fehlte auch sie. Die empfindlicheren Diatomeenarten zeigten sich, so wie *Membranipora*, entlang der Ränder bzw. blieben nur auf den unwirksameren Anstrichen noch ein wesentlicher Bestandteil der Mikroflora. Das gleiche konnte an *Apistonema* beobachtet werden. Der Rückgang dieser Alge auf den meisten Platten ist daher nicht einem jahreszeitlich begrenzten Vorkommen zuzuschreiben gewesen, sondern ebenfalls dem Gifteinfluß. Nur die Ausbreitung von *Calothrix* schien kaum beeinträchtigt zu sein.

Tabelle 10. Resultat bei Versuchsende — Vinoflexreihe

Pigment A

Nr.	Süden	Norden
82	Überzug *Ulothrix*; *Amphora* u. vereinzelt empfindlichere Diatomeen	Oberer Rand *Membranipora*; *Calothrix*; *Amphora*.
83	Untere Hälfte *Ulothrix*; oberer Rand 2 *Membranipora*; *Amphora*.	Oberer Rand u. Seitenkanten *Membranipora* u. *Balanus*; *Amphora*.
84	Oberer Rand *Membranipora*; untere Hälfte *Ulothrix*; *Ceramium*; *Calothrix*; *Amphora*.	Oberer Rand u. Seitenkanten *Membranipora* u. *Balanus*; *Calothrix*; *Apistonema*; *Amphora* u. an den Rändern empfindlichere Diatomeen.
85	Untere Hälfte *Ulothrix*; oberer Rand *Membranipora* u. *Balanus*; *Pylaiella*; *Calothrix*, *Apistonema*; *Amphora* u. an den Rändern empfindlichere Diatomeen.	Auf Plattenfläche wenig—mäßig *Membranipora*, oberer u. unterer Rand *Balanus*; *Calothrix*; brauner Überzug: *Apistonema*; *Amphora*, *Synedra*, *Epithemia*, *Diatoma* u. a. Diatomeen.

Pigment B

Nr.	Süden	Norden
86	Überzug *Ulothrix*; oberer Rand *Laomedea*; *Calothrix*; *Amphora* u. an den Rändern empfindlichere Diatomeen.	Oberer Rand *Membranipora*; *Calothrix*; *Amphora*.
87	Untere Hälfte *Ulothrix*; oberer Rand *Membranipora*; *Calothrix*; *Amphora* u. an den Rändern empfindlichere Diatomeen.	Oberer Rand u. Seitenkanten *Membranipora*; *Calothrix*; *Amphora* u. vereinzelt empfindlichere Diatomeen.
88	Untere Hälfte *Ulothrix*; oberer Rand u. Seitenkanten *Membranipora*; 1 *Laomedea*; *Ceramium*; *Calothrix*; *Amphora* u. an den Rändern empfindlichere Diatomeen.	Auf Plattenfläche wenig *Membranipora*; *Calothrix*; *Apistonema*; *Amphora* u. vereinzelt empfindlichere Diatomeen.
89	Auf Plattenfläche wenig—mäßig *Membranipora*; oberer Rand *Balanus*; wenig *Laomedea*; *Ceramium*; *Calothrix*; brauner Überzug: *Apistonema*; *Amphora* u. empfindlichere Diatomeen.	Auf Plattenfläche *Membranipora* stark; wenig *Balanus* u. *Laomedea*, *Ceramium*; *Calothrix*; brauner Überzug: *Apistonema*; *Amphora*, *Synedra*, *Diatoma*, *Epithemia* u. a. Diatomeen.

Die Ergebnisse lassen eine größere Wirksamkeit der Anstriche im Spätsommer erkennen. Es ist bekannt (Harris, Ragg), daß bestimmte Anstrichtypen erst nach einer gewissen Zeit ihre volle Wirksamkeit entfalten. Eine Verzögerung von 2—3 Monaten dürfte aber nicht wahrscheinlich sein. Vielmehr könnte angenommen werden, daß die geringere Lichtintensität, die senkrecht exponierte Anstriche im Gegensatz zu waagerechten erhalten, nicht sofort die Abgabe der letalen Dosis ausgelöst hat. Erst nach Summierung geringerer toxischer Mengen konnte es zum Absterben der empfindlicheren Arten kommen.

Im Bewuchsbild der Colophonium-Alpexreihe hatte sich seit September kaum etwas geändert, nur daß kleine Exemplare von *Pylaiella* und *Ceramium* hinzugekommen waren, die aber ausschließlich auf *Membranipora* wuchsen. Die Südseite des Anstrichs A hatte die beste Antifoulingwirkung gehabt, die auch in 2 m Tiefe kaum abgeschwächt war. Praktisch zwar ebenso gut fiel die Nordseite aus, die geringfügigen Unterschiede lassen aber einen Einfluß der Beschattung erkennen. Dieser wird bei Betrachtung des weniger wirksamen Anstrichs B deutlicher (vgl. Abb. 21). So wie mit geringer werdendem Lichtanteil auf der Südseite die Wirkung tiefer exponierter Platten rascher nachließ als bei A, wurde sie auf der Nordseite entsprechend noch früher vermindert und der Bewuchs fiel insgesamt stärker aus. Auch im Detail gesehen wird klar, welche auslösende Wirkung dem Licht zukommt. So sind die von der oberen vorspringenden Holzleiste beschatteten Ränder bereits jeweils höher oben von *Membranipora* bewachsen als die senkrechten, von Holz eingefaßten Seitenkanten, wo weniger Schatten hinfiel (Abb. 9).

Entsprechende Beobachtungen konnten auch an den Anstrichen der Vinoflexreihe gemacht werden. Relativ besser bewährte sich der Anstrich mit dem Pigment A, in gleichem Sinne machten sich Wassertiefe und Beschattung geltend (Abb. 10 und 11). Dem widerspricht auch die Ansiedlung von *Ulothrix* nicht (*U. pseudoflacca*), obwohl sie sich gerade auf den wirksamsten

Tabelle 11. Resultat bei Versuchsende — Colophonium-Alpexreihe

Nr.	Süden	Norden
A1	frei	frei
A2	frei	*Amphora*
A3	oberer Rand *Membranipora*	oberer Rand u. Seitenkanten *Membranipora* u. *Balanus*; *Amphora*.
A4	oberer Rand u. Seitenkanten *Membranipora*; *Amphora* u. wenige andere Diatomeen	Allgemein etwas stärker
B1	frei	1 *Balanus*, 1 *Laomedea*; *Amphora*
B2	oberer Rand *Membranipora*	oberer Rand u. Seitenkanten *Membranipora*; *Pylaiella*; *Amphora*.
B3	oberer Rand u. Seitenkanten *Membranipora* u. *Balanus*.	Auf Plattenfläche wenig bis mäßig *Membranipora*, oberer Rand *Balanus*; *Ceramium*, *Pylaiella*, *Amphora*, *Synedra* u. empfindlichere Diatomeen.
B4	Auf Plattenfläche wenig bis mäßig *Membranipora*, oberer Rand *Balanus*; *Ceramium*, *Pylaiella*, *Calothrix*; *Amphora*.	Auf Plattenfläche mäßig *Membranipora*, oberer Rand u. vereinzelt auf Platte *Balanus*; unterer Rand einige *Spirorbis*; *Ceramium*, *Pylaiella*, *Apistonema*, *Calothrix*; Diatomeen wie B3 Norden.

Anstrichflächen, nämlich den Südseiten der obersten Platten, in stärkerem Maß vollzogen hatte. Wir haben es hier anscheinend mit einem ähnlichen Phänomen zu tun, wie es für die Untersuchungen von 1957 herausgestellt worden ist. In analoger Weise hat wahrscheinlich die stärkere Aktivierung durch größeren Lichtanteil zu einer rascheren Erschöpfung geführt, die im Herbst die Ansiedlung dieser resistenten Alge gestattete. Die Anstriche hatten sich allerdings nicht verbraucht. Demgegenüber fehlte auf den entsprechenden Nordseiten der grüne Überzug. Der Vermutung, daß hier eventuell die Lichtbedingungen für das Gedeihen der Alge nicht ausreichend gewesen seien, kann dadurch begegnet werden, daß ein, zwar schwächerer, Überzug von *Ulothrix* auf der Südseite sogar noch bis zu 2 m Tiefe vorhanden war. Warum er (mit Ausnahme der beiden obersten Platten) deutlich nur in der jeweils unteren Hälfte ausgebildet war, läßt sich nicht ohne weiteres sagen. Die Beschattung durch die Leiste dürfte nicht so tiefreichend gewesen sein.

Am deutlichsten für die Wirksamkeit des Lichtes bei der Auslösung beachtlicher Antifoulingeigenschaften des ZnO spricht die Zunahme des Bewuchses mit der Wassertiefe. In der Regel findet, zumindestens in unseren Gewässern, eine Abnahme der Bewuchsintensität mit größerer Wassertiefe statt (siehe S. 16).

Eine graphische Darstellung der beschriebenen Versuchsergebnisse ist im chemischen Teil zu finden (Abb. 8). Die Abb. 13 läßt wiederum die Übereinstimmung zwischen der Höhe der Zinkabgabe und dem Testergebnis erkennen.

Werden zur Kennzeichnung dieser Versuchsanstriche die eben eingeführten Symbole benutzt, fallen die meisten Platten aus der Colophonium-Alpexreihe und einige aus der Vinoflexreihe unter o, wenn der Bewuchs der beschatteten Stellen nicht mit berücksichtigt wird. Einige Anstriche aus der Vinoflexreihe müssen infolge der Besiedlung mit *Ulothrix* als der kritischen Form der Stufe 0 zugeordnet werden. Das für Stufe f typische Bild war nirgends deutlich ausgeprägt.

Bestimmte Eigenschaften des Bindemittels und hohe Lichtintensität hatten bei einer Reihe aktiver Anstriche zum Ausschluß sämtlicher Bewuchsorganismen geführt (mit Ausnahme vielleicht der Bakterien). Nach den Erfahrungen des schottischen Arbeitskreises (Harris, Pyefinch) ist die Bildung eines dünnen Überzuges mit resistenten Diatomeen wünschenswert. Sie läßt einmal eine rationelle Wirksamkeit der Anstriche erkennen, zum anderen schützt die dünne Diatomeendecke zusätzlich vor größerer Ionenabgabe an das umgebende Wasser. — Anstriche, die den Bewuchsstufen o und 0 zuzuordnen sind, gelten nach Pyefinch als „unfouled". Daß auch Anstriche der Stufe 0 über längere Zeit jeden weiteren Bewuchs fernhalten können (siehe Pyefinch 1945, Seite 239), sahen wir an zwei mit Schwermetallen vergifteten Kontrollfarben bestätigt. Gegen Ende der ersten Bewuchsperiode mit *Ulothrix* überzogen, erreichte nach der Überwinterung im Seewasseraquarium der eine von beiden im Herbst des zweiten Expositionsjahres wieder nur dieses Stadium, der andere war außerdem massenhaft mit mm-hohem *Ceramium* bewachsen. Damit war das Ende der Wirksamkeit angezeigt.

Von besonderem Interesse dürfte das massenhafte Vorkommen von Braunalgen eines bestimmten Habitus sein, als „brown mats" bezeichnet. Nach den Beschreibungen Pyefinchs bieten die betreffenden mit Cu vergifteten Testplatten aus dem Firth of Clyde makroskopisch gesehen ein fast gleiches Bild wie die unseren, obwohl diese Braunalgen aus der Ordnung der *Ectocarpales* (nach Fritsch 1952) hier und da verschiedenen Gattungen zugehören (in Firth of Clyde Arten der Gattungen *Myrionema* und *Hecatonema*). Für die Beurteilung von Testplatten haben sie als Indikatoren Bedeutung, um so mehr, als sich in unserem Falle nicht alle Arten als gleich resistent erwiesen haben. Pyefinch zählt einen bestimmten Wuchstyp bzw. eine bestimmte Wachstumsphase von *Ectocarpus* ebenfalls zu den „brown mats". Auch bei uns erwiesen sich auf bestimmten Platten, besonders auf denen der Colophonium-Alpex-

Abb. 21. Colophonium-Alpexreihe im Versuchsjahr 1958, Nordseite

reihe von 1957, ein Teil der vielen braunen Scheiben bei der mikroskopischen Durchsicht als zu *Ectocarpus* gehörig. Wie aus der vorhergegangenen Beschreibung des Bewuchses dieser Reihe hervorging, konnten alle Größen bis zu 2 cm beobachtet werden. Die meisten, auch die erst wenige mm hohen Exemplare, waren reichlich fertil, Form und Maße der Sporangien deuteten auf *E. siliculosis* hin, obwohl der Habitus der Alge nicht dem vom Sommer bekannten entsprach. Eine entsprechende Beobachtung liegt aus den Untersuchungen von 1955 vor (Rathsack und Rautenberg 1958). Pyefinch (1951) schreibt ebenfalls, daß *Ectocarpus* im Herbst einen kurzen rasenförmigen Habitus ausbilde und in einer derartigen „brown mat condition" resistenter sei. Diese letzte Tatsache läßt sich anhand unserer Versuche nicht ohne weiteres bestätigen. Obwohl die Ausbreitung der Alge auf Anstrichen mit dem Bewuchsbild der Stufe 0/f (Colophonium-Alpex, 1957), in der sie sonst noch nicht vorkam, auf höhere Resistenz hindeutet, könnte doch die offenbar rasch nachlassende Aktivität der betreffenden Anstriche ihre Ansiedlung gerade noch gestattet haben. Im Wachstum war hier die Alge jedenfalls gegenüber den weniger wirksamen Anstrichen beeinträchtigt. Die „brown mats" sind nach Pyefinch außerordentlich Hg-empfindlich. Hierzu sei bemerkt, daß eine der Kontrollserien von 1957 unter anderen Schwermetallgiften Hg enthielt. Keine dieser Braunalgen siedelte sich hier an, obwohl eine Reihe dieser Anstriche von ansonst empfindlicheren Arten, wie z. B. *Ceramium*, besiedelt werden konnten. — Der selektive Bewuchs organischer Antifoulings soll weiter unten erörtert werden.

Der eingehende Vergleich mit den Ergebnissen der schottischen Autoren hat deutlich gezeigt, daß ein künstlicher Faktor, das Gift, in einer bestimmten Weise auswählend gewirkt hat. Trotz der Verschiedenheit der Gewässer, — da ein marin-atlantisches, hier ein Brackwassergebiet der mittleren Ostsee —, sowie der größtenteils anderen Giftkomponente, wiesen die Zusammensetzung einzelner Bewuchsgesellschaften auffallende Ähnlichkeit auf. Einige der Hauptvertreter gehörten hier und da entweder derselben Gattung (*Amphora, Achnanthes, Ulothrix, Ectocarpus* und andere) oder der gleichen Ordnung an, wie der der *Ectocarpales* und der der *Hydroidea*. In bestimmter Weise extrem beschaffene Substrate — mit Schwermetallverbindungen vergiftete Unterwasseranstriche — wurden hier und da von gleichen Lebensformtypen (Tischler 1950) besiedelt, und zwar in bestimmter Artenkombination. Das Resultat legt den Schluß nahe, daß hier eine den Isobiozönosen vergleichbare Erscheinung vorliegt (Caspers 1950; Tischler 1950). Diese ursprünglich der Praxis gewidmete Bewuchsforschung könnte die Ausgangsbasis für eine experimentelle Methode der marinen Ökologie sein. Eine Defektsetzung, wie sie hier zweifellos erzielt wird, hat in der terrestrischen Ökologie eine Parallele in der chemischen Schädlingsbekämpfung sowie in bestimmten Bearbeitungsmethoden landwirtschaftlicher Kulturfelder und wird da als eine der wenigen Möglichkeiten eines experimentellen Eingriffs in ein Ökosystem gewertet (Tischler 1954, Kinne 1957).

2. *Bewuchs vergifteter Kontrollanstriche*

Außer dem praktischen Zweck, den die Exposition dieser meist neu entwickelten Unterwasserfarben verfolgte, bot sie die Möglichkeit, an diesen vielen verschiedenartigen Anstrichen den Einblick in die Zusammensetzung von Bewuchsgesellschaften zu erweitern. So konnten jahreszeitlich bedingte Unterschiede in der Besiedlung, selektive Wirkung bestimmter anorganischer und organischer Antifoulings sowie die von Lacken mit verschiedener Oberflächenbeschaffenheit und ein bemerkenswerter Einfluß der Versuchsanordnung herausgestellt werden.

a) Einfluß des Expositionstermins

Sein Einfluß war aus dem Bewuchs unwirksamer Anstriche und dem der dazugehörigen Holzrahmen ersichtlich. Dieser entsprach auf einigen Platten aus einer Serie mit Schwermetallverbindungen vergifteter Farben, die 1957 zur gleichen Zeit wie unsere Versuchsanstriche ausgelegt worden waren, der Stufe FF. Auf Anstrichen, die früher und später ins Wasser gebracht worden sind, war hingegen das Bewuchsbild insofern abgewandelt, als sich Verschiebungen im mengenmäßigen Anteil der sonst gleichen Arten ergeben hatten. So war auf der Anfang Mai ausgelegten größeren Serie organischer Antifoulings, die insgesamt versagt hatte, nach drei Wochen der Befall durch *Laomedea loveni* sehr stark gewesen. Anschließend war neben *Ectocarpus* eine intensive Besiedlung durch *Ceramium* erfolgt, so daß bereits Anfang—Mitte Juli die Anstriche als maximal bewachsen angesehen werden konnten. In dem dichten Hydroiden- und Rotalgenbewuchs war ein Ansatz von Grünalgen anscheinend nicht mehr möglich gewesen, die zu diesem Zeitpunkt die anderen Platten besiedelt hatten, hier aber fast gänzlich ausgeblieben waren. Ein entsprechender Besiedlungsverlauf war 1956 (RATHSACK und RAUTENBERG 1958) auf vielen unserer Versuchsanstriche und auf den Holzrahmen beobachtet worden, er hatte aber vier Wochen später eingesetzt als 1957.

Waren die am frühesten exponierten Platten einer wahrscheinlich ersten starken Ansatzperiode von *Laomedea* und *Ceramium* ausgesetzt gewesen, so machte sich auf den am 16. 7. ausgebrachten organischen Antifoulings eine weitere, aber etwas schwächere derartige Periode bemerkbar. Von der intensiven Besiedlung durch Grünalgen zu diesem Zeitpunkt konnten die Anstriche insofern noch nicht betroffen werden, als erst die Pionierphasen durchlaufen werden mußten (siehe SCHEER 1945, ALEEM 1957), was hier 2—3 Wochen dauert. Wohl siedelten sich im weiteren Verlauf *Enteromorpha Ahlneriana* (im September 20 cm lang), *Cladophora fracta* und *C. gracilis* an, gelangten aber nicht zur Dominanz über *Laomedea* und *Ceramium*. *Ectocarpus* trat auch nur wenig in Erscheinung, wohl aber die anderen Vertreter aus der Ordnung der *Ectocarpales*, unter ihnen weitaus dominierend *Ascocyclus Magni*. Die Zusammensetzung der Diatomeenflora gleicht weitgehend derjenigen, die für die neutralen Kontrollanstriche unserer Versuchsfarben typisch gewesen ist. Im September erreichte *Schizonema* eine maximale Ausbreitung (Büschel bis 5 cm lang). Bei Versuchsende war diese Diatomee weitgehend verschwunden.

Von den Besiedlern der Unterseiten wurde nur die Anzahl von *Balanus* durch den später gewählten Expositionstermin beeinträchtigt, da bekanntlich die Ansatzperiode zeitlich begrenzt (Ende Juni bis August) und das Vorkommen der Art nur gering ist.

Im darauffolgenden Jahr wurden alle Anstriche zum gleichen Zeitpunkt, Ende Mai exponiert. Es wurde bereits erwähnt, daß Besiedlungsverlauf sowie artenmäßige Zusammensetzung weitgehend der vorjährigen, zum gleichen Termin ausgebrachten Serie glichen. Geringfügige Abweichungen zeigten sich insofern, als der Grünalgenbewuchs erst Ende Juli einsetzte, der Anteil der kleinen *Ectocarpales* geringer, der von *Rivularia atra* bedeutend höher war. Diese Cyanophycee war teilweise schon im Frühsommer stark in Erscheinung getreten. Die Keimquelle bildeten wahrscheinlich bestimmte Holzrahmen mit vorjährigen, eingetrockneten Krusten dieser Alge. Offenbar hatte sie diesen Zustand überstanden, denn kurze Zeit nach der Einbringung ins Wasser wurden die Kolonien in lebendem Zustand vorgefunden. Neu angefertigte und saubere Rahmen wurden erst später von *Rivularia* besiedelt, ebenso die darin enthaltenen Platten. Aus der Art und Weise der Vermehrung dieser Alge, durch kriechende Hormogonien, ist verständlich, daß die in jene erstgenannten Rahmen gefaßten Platten früher und besonders intensiv von *Rivularia* bewachsen worden sind. Dadurch wurde aber eine stärkere Ausbreitung auch der größeren Algen im weiteren Verlauf beeinträchtigt. — Die Diatomee *Schizonema* erreichte im Oktober—November ein Maximum

(Büschel bis 8 cm lang), von dem die unwirksamen Anstriche zwar nur wenig betroffen wurden, wohl aber eine Reihe bisher kaum bewachsener Antifoulings, deren Wirksamkeit offenbar zurückgegangen war.

Die Hauptansatzperiode von *Balanus* fiel in diesem Jahr, im Gegensatz zu den früheren, erst in den August. Die Anzahl der Seepocken war zwei- bis dreimal so hoch als die aus den Jahren 1954—1957.

Abschließend seien diese sowie unsere früheren Beobachtungen (RATHSACK und RAUTENBERG 1958) dahingehend betrachtet, ob und inwieweit die Reihenfolge im Besiedlungsablauf neutralen und unwirksamen Untergrundes mit Ergebnissen anderer Autoren vergleichbar ist. Die Bakterien- und Diatomeenphase, als Pionierphasen angesehen, waren jedesmal deutlich. Einige Erstbesiedler unter den Diatomeen waren die gleichen bzw. gehörten zur selben Gattung wie die von ALEEM (1957) beobachteten, so *Synedra tabulata, Cocconeis scutellum, Schizonema spec.* (besonders 1954 und 1955), *Amphora, Nitzschia* und *Gomphonema* (5. 8. 1956; 25. 8. 1956). Nur schwach ausgeprägt waren Hydroid- sowie Ectocarpales-Phase bei früh einsetzendem starken Befall durch Grünalgen (16. 6. 1954; 26. 6. 1955; 5. 8. 1956; 23. 5. 1957). Zeitlich ließen sich die betreffenden Phasen in drei dieser Fälle kaum vom Besiedlungsbeginn dieser Algen absetzen. Die Plazierung der Hydroidphase konnte dann eindrucksvoll demonstriert werden, wenn sich der Bewuchs mit Grünalgen sehr verzögerte (9. 5. 1955; 23. 5. 1955) bzw. gar nicht aufkommen konnte (22. 5. 1956; 6. 6. 1956; 3. 5. 1957) und zudem der Anfangsbefall durch *Laomedea* erheblich war. In weniger extremen Fällen (25. 8. 1956; 16. 7. 1957;, 22. 5. 1958) wurde aber ebenfalls auf die Pionierphasen folgend eine Besiedlung durch Hydroiden beobachtet. — Die Ectocarpales-Phase prägte sich im Bewuchsbild nirgends klar aus, ausgenommen einige Platten aus der Serie von 1957 (23. 5.), wo aber bereits eine Hemmwirkung auf die Entwicklung der Grünalgen anzunehmen war (siehe Seite 35). Daß aber *Ectocarpus*, sowie *Ceramium* und gelegentlich *Polysiphonia* als erste größere Algen auf den Platten auftraten, zeigte sich bei der mikroskopischen Untersuchung der Serien vom 9. 5. 1955; 23. 5. 1955; 22. 5. 1956; 6. 6. 1956; 25. 8. 1956; 3. 5. 1957; 23. 5. 1957; 16. 7. 1957 und 22. 5. 1958 (siehe auch BETH 1952). Der Besiedlungsbeginn weiterer *Ectocarpales* (nur 1956, 1957 und 1958) fiel bereits in die Zeit des Ansatzes der Grünalgen. So wie auf den Plattenoberseiten muß auch auf den Unterseiten die Ectocarpales-Phase als die schwächste Phase angesehen werden, die nur dann deutlich wird, wenn die Ausbreitung der Konkurrenten eingeschränkt ist. Ihre Plazierung war aber hier gegenüber der Balanus- und Bryozoen-Phase nicht eindeutig zu ermitteln.

Eine bestimmte Reihenfolge im anfänglichen Besiedlungsverlauf, wie sie entsprechend für verschiedene andere Gewässer beschrieben worden ist (siehe ALEEM 1957 und die dort zitierten Ergebnisse anderer Autoren; CASPERS 1952; SCHEER 1945), konnte also auch hier bei Expositionen im Zeitraum von Anfang Mai bis Ende August festgestellt werden. Zeitpunkt der Ausbringung und verschieden hoher Gehalt des Wassers an jeweiligen Organismen bestimmten Stärke und Dauer einer jeden Phase, wobei hohe oder geringe Fähigkeit zur Eroberung von Siedelplatz einzelner Arten klar in Erscheinung traten.

b) Selektive Besiedlung

Schwermetallverbindungen

Diese Anstriche zeigten in beiden Versuchsjahren die beste beobachtete Antifoulingwirkung die sich teilweise über zwei Vegetationsperioden erhielt. Nur wenige Farben versagten (1957). Gegenüber den Anstrichen, deren Giftwirkung ausschließlich auf der Aktivität zinkhaltiger Pigmente beruhte, waren hier auch die Plattenunterseiten größtenteils bewuchsfrei. *Balanus* zeigte unter den tierischen Sessilen die größte Resistenz. Die Anzahl an Seepocken blieb aber auch da, wo noch ein Ansatz möglich war, geringfügig. Im zweiten Jahr der Exposition siedelten sich Balanen vorzugsweise auf den Basisabdrücken der vorjährigen an. — Mit *Amphora*, (*Synedra*), *Ulothrix* bzw. *Achnanthes* als den charakteristischen Arten der Plattenoberseiten waren die meisten Platten den Stufen o und 0 zuzuordnen, entsprechend dem Befund an Farben mit aktiviertem ZnO als Pigment. Auf einigen Anstrichen mit geringer Wirksamkeit kam außer *Ulothrix* im Herbst *Ceramium* in größerer Menge vor, daneben *Schizonema* und mikroskopisch kleiner *Ectocarpus*. Auf das Fehlen der ,,brown mats" in dieser Serie wurde bereits an anderer Stelle hingewiesen.

Organische Antifoulings

Die Wirksamkeit dieser Farben war unterschiedlich. Ein großer Teil der Anstriche ließ mittlere Wirkungsgrade erkennen, unzureichend zwar für praktische Zwecke, gut geeignet aber zum Studium selektiver Besiedlung. Auf den Oberseiten ging diese auch hier in bestimmten Stufen vor sich. Sie hatte Ähnlichkeit mit der Besiedlung der Zinkanstriche. So erwiesen sich unter den größeren Algen *Enteromorpha*, *Cladophora* und *Fucus* (nur 1958) empfindlicher als *Ceramium*, *Polysiphonia* und *Ectocarpus*. Ausschluß oder Einschränkung der ersten drei Arten deuteten somit auf eine gewisse Giftwirkung hin. Das Bewuchsbild mit den hier dominierenden Rotalgen würde der Stufe F entsprechen. Der Stufe f gleich kämen zahlreiche Platten mit *Laomedea* als der einzigen größeren Form. Einige Anstriche hatten zwar den Ansatz dieses Hydroiden verhindert, wurden aber im Herbst von *Ceramium* besiedelt. Es läßt sich nicht entscheiden, ob hier das Gift spezifisch auf *Laomedea* gewirkt hat oder ob zu der vorgerückten Jahreszeit ein Ansatz des Hydroiden nicht mehr stattfand. — Die Ausbreitung von *Membranipora* wurde auf den meisten Anstrichen beeinträchtigt, ausgenommen waren nur die unwirksamen, d. h., daß deren Bewuchsbild der Oberseiten der Stufe FF gleichkam. *Balanus* wurde von keinem der vielen verschiedenen Antifoulings völlig ferngehalten, sondern nur jeweils in seiner Anzahl eingeschränkt. Nicht immer ging diese mit der Stärke des Bewuchses der Oberseiten konform. — Die Mikrovegetation setzte sich in den beiden Versuchsjahren aus jeweils anderen Arten zusammen. *Ascocyclus Magni* war 1957 nicht nur auf den unwirksamen Farben weitaus dominierend, sondern auch auf verschiedenen Testplatten mit reduzierter Artenzahl. *Streblonema* und *Porterinema* waren daneben nur in geringer Anzahl vorhanden. Bestimmte Anstriche schränkten aber *Ascocyclus* stark ein oder schlossen ihn völlig aus, und zwar sowohl solche der Stufen F und f als auch insbesondere diejenigen mit ausschließlich mikroskopisch kleinen Formen (Stufen o und 0/f). An die Stelle von *Ascocyclus* trat in mehreren Fällen auch in dieser Serie *Porterinema*. Auf einigen Platten waren nur Basalscheiben von Braunalgen ausgebildet. die wahrscheinlich auch dieser Alge angehörten. Einen nur geringen Anteil an der Mikrovegetation hatte *Ulothrix*, auf den meisten Anstrichen fehlte sie gänzlich. Die Diatomeenflora war 1957 nur spärlich ausgebildet. *Amphora* und *Synedra* zeigten ebenfalls eine Bindung an Anstriche ohne größere Formen. — Im Jahre 1958 ließen sich Vertreter der ,,brown mats" nur im Bewuchsbild der Stufen FF und F beobachten. Ausschließlich an FF gebunden war *Rivularia*, auf deren Empfindlichkeit bereits in der Serie der zinkhaltigen Anstriche von 1957 hingewiesen worden ist. Den stärksten Anteil an der Mikrovegetation hatte *Calothrix scopulorum*, und zwar besonders da, wo größere Arten eingeschränkt waren (Stufe f) bzw. wegfielen. Diese Blaualge war hier an die Stelle von *Ulothrix* getreten, der charakteristischen Art für Stufe 0. Auch 1958 wurde diese Alge vom Bewuchs organischer Antifoulings weitgehend ausgeschlossen. Unter den Diatomeen konnten die uns als empfindlich gegen Zn bekannten Arten *Mastogloia smithii*, *Epithemia sorex*, *Rhopalodia ventricosa* und *Gomphonema olivaceum* in dieser

Serie gleichfalls nur auf unwirksamen oder schwach giftigen Anstrichen (FF und F) beobachtet werden. Eine mäßige Resistenz zeigten dagegen *Diatoma elongatum*, *Synedra tabulata* und *Nitzschia filiformis*, die neben Schizonema auf Anstrichen mittlerer Wirksamkeit vorherrschten. Gut wirksame Antifoulings schlossen nacheinander *Calothrix* und *Schizonema*, aus, so daß auf einigen Platten nur noch ein dünner Überzug, gebildet von *Amphora spec.*, übrigblieb.

Die Untersuchungen haben ergeben, daß die geprüften anorganischen und organischen Gifte auf die meisten der beobachteten Besiedler weniger spezifisch einwirkten, sondern daß deren Resistenz bzw. Empfindlichkeit gegenüber Giften mehr allgemeiner Natur zu sein schienen. Nur so läßt sich die weitgehende Übereinstimmung in der artenmäßigen Zusammensetzung der einzelnen Bewuchsgesellschaften von Anstrichen mit chemisch unterschiedlich beschaffener Giftkomponente erklären. Es gab hierbei wenige Ausnahmen. *Ulothrix*, resistent gegenüber Schwermetallgiften, mied weitgehend die organischen Antifoulings. Eine Hg-Empfindlichkeit zeigten offenbar alle Vertreter der „brown mats", bestimmte organische Gifte wirkten auf einige von ihnen ebenfalls eher spezifisch. Keine der geprüften organischen Antifoulings hatte jedoch eine spezifische Wirkung gegenüber *Balanus* gehabt, wie das von anderen Verbindungen bekannt ist (Kühl 1948). Anstriche mit bestimmten Kombinationen von Schwermetallgiften hielten diese Art am besten fern.

Bootslacke

Sechs verschiedene unvergiftete Bootslacke, auf Holzplatten gestrichen (jeder Typ mit 2 Platten vertreten), wiesen einen besonders interessanten selektiven Bewuchs auf. Die in unvorbehandelte Holzrahmen gefaßten Platten waren auf der Wasseroberfläche schwimmend angebracht. Die Rahmen boten das typische Bild mit dominierenden größeren Grünalgen dar. Der Algenbewuchs auf den Platten dagegen war andersartig, wobei sich außerdem Unterschiede zwischen den einzelnen Lacktypen ergeben hatten. Die jeweils 2 Platten von der gleichen Probe stimmten gut überein. Drei der Anstriche wurden von *Ceramium* als einziger größerer Art dicht bewachsen, *Enteromorpha* und *Cladophora* kamen nur in sehr vereinzelten Exemplaren vor. Auf einem weiteren Anstrich traten diese Grünalgen mehr in Erscheinung, im Mengenverhältnis gegenüber *Ceramium* wie 1:2. Diese Rotalge fehlte dagegen auf den beiden letzten Lacktypen fast völlig. Hier wurde das Bewuchsbild durch Braunalgen bestimmt. *Desmotrichum*, bis zu 1 cm lang, überwucherte die Plattenflächen rasenartig und war begleitet von *Ectocarpus siliculosis* (normale Wuchsform, 5 cm lang). Grünalgen wurden ebenfalls nur vereinzelt beobachtet. *Laomedea* kam auf allen Platten in geringer Menge vor und war auch hier der erste größere Besiedler gewesen. Auch die Mikrovegetation war überall in ihrer Zusammensetzung gleich und wurde hauptsächlich von den Scheiben der Braunalgen *Streblonema*, *Porterinema*, *Ascocyclus* und *Desmotrichum* (Basalscheiben mit Sporangien und wenigen kurzen, aufrechten Fäden, siehe Rautenberg, im Druck) gebildet. Hinsichtlich des Mengenverhältnisses der vier Arten ließ sich nur auf einem Anstrichtyp eine deutliche Begünstigung von *Ascocyclus* beobachten. *Ulothrix* und *Calothrix* traten gegenüber den Braunalgen zurück. — Die Diatomeenflora war die typische ungiftiger Anstriche. Alle Plattenoberseiten konnten als maximal bewachsen angesehen werden.

Unterschiede in der Oberflächenbeschaffenheit dürften hier die selektive Besiedlung bewirkt haben.

c) Einfluß der Versuchsanordnung und Zusammenfassung

Es sollte in Erfahrung gebracht werden, in welcher Expositionslage — senkrecht oder waagerecht —, die Anstriche einem schwereren Test unterzogen werden können. Die Versuche von 1955 (RATHSACK und RAUTENBERG 1958) hatten ergeben, daß der tierische Bewuchs auf Unterseiten waagerecht angebrachter Platten stärker ausgefallen war als auf den in senkrechter Anordnung (siehe auch POMERAT und REINER 1942; GREGG 1945). Die Untersuchungen wurden in diesen beiden Jahren außerdem dahingehend erweitert, den Einfluß einer bestimmten Wassertiefe — soweit das hier möglich —, auf Stärke des Bewuchses und Verteilung der einzelnen Arten zu erfassen. Die Versuche sind ausschließlich mit organischen Antifoulings vorgenommen worden, in der Art, daß jeweils gleiche Anstriche waagerecht (0,5 m tief) und senkrecht (1957 Kante mit der Wasserlinie abschließend; 1958 1 m und 2 m tief) zu liegen kamen. Die im folgenden durchgeführten Vergleiche beziehen sich auf einander entsprechende Anstriche.

Das Ergebnis war derart, daß tierischer und pflanzlicher Bewuchs insgesamt vermindert und von oben nach unten zunehmend reduziert wurde. — Größere Grünalgen kamen nur noch auf den Rahmen in 1 m Tiefe vor (den Rahmenausmaßen gemäß also bis 2 m Gesamttiefe), im Längenwachstum waren sie hier gegenüber denjenigen in waagerechter Lage zurückgeblieben. Sie kamen auch nicht mehr zur Dominanz. Von 2 m Tiefe ab ließen sich nur noch vereinzelte Keimlinge beobachten. Da 1957 in der Serie der organischen Antifoulings der Grünalgenbewuchs allgemein nur schwach war, können die Rahmen in oberer Lage nicht mit in Betracht gezogen werden. — Rotalgen (*Ceramium, Polysiphonia*) kamen in allen drei Tiefen vor, in den beiden oberen wenig, in der unteren dagegen sehr vermindert und nur Längen von einigen mm erreichend. — *Ectocarpus* wurde im Herbst 1958 in 1 m Tiefe reichlich angetroffen, wo er sich, wahrscheinlich dank der geringeren Zahl der Konkurrenten, stärker ausgebreitet hatte als auf den entsprechenden waagerechten Platten. In größerer Wassertiefe kam er nicht mehr vor, wohl aber die „brown mats", zumindest deren Basalscheiben, sowie *Pylaiella.*

Von den tierischen Besiedlern war 1957 *Laomedea* an den senkrechten Platten z. T. zahlreicher vorhanden gewesen als auf den waagerechten, was wohl ebenfalls auf die beschränkte Zahl der Konkurrenten zurückzuführen war. In 1 m und 2 m Tiefe fiel dagegen der Bewuchs mit *Laomedea* äußerst gering aus. Dem allgemein schwächeren Vorkommen der Art im Jahre 1958 dürfte dieses Verhalten nicht zuzuschreiben gewesen sein, da die entsprechenden waagerechten Anstriche nach und nach von diesen Hydroiden gänzlich überzogen worden sind. Im Jahre 1955 ließ sich *Laomedea* bis 1,5 m Tiefe unvermindert beobachten. — Sehr reduziert war *Balanus* auf den Platten aus den obersten und untersten Rahmen. Hier blieb die Anzahl der Seepocken unter 10 Stück pro Platte. Relativ bevorzugt wurden die Platten aus 1 m Tiefe, und zwar jeweils die Nordseiten. Zwar siedelten sich auch hier auf vielen Anstrichen nicht mehr als 15 Stück an, unwirksame Anstriche erreichten mit 20—60 Stück 20—30% der Anzahl von entsprechenden Unterseiten waagerechter Platten. — Mit *Membranipora* bewachsen waren nur einige der unwirksamen Anstriche entlang der Ränder. Die Nordseite wurde bevorzugt. Fast völlig fehlte diese Art in 2 m Tiefe. Demgegenüber ließ sich auf den zuunterst angebrachten Plattensätzen ein Hervortreten von *Spirorbis* beobachten, allerdings auch ausschließlich auf unwirksamen Farben. Bis zu 100 Stück pro Platte wurden gezählt. — Auf den senkrecht angebrachten Rahmen vermindert waren auch die Amphipodenröhren, wodurch die Platten weniger verschlammt aussahen. 1957 fehlten hier Schlickröhren gänzlich, eine Besiedlung in der betreffenden Lage war aber durchaus möglich, wie die Versuche von 1958 gezeigt haben.

Das Bewuchsbild der Anstriche in höherer und mittlerer Wassertiefe glich weitgehend dem der Oberseiten waagerecht exponierter Anstriche, obwohl die Stufe FF nicht erreicht worden ist. Von der Reduktion wurden hauptsächlich *Balanus* und *Membranipora* betroffen. Es ließen sich somit die früheren Ergebnisse bestätigen. Das Verhalten der beiden Arten wurde den Lichtverhältnissen zugeschrieben (RATHSACK und RAUTENBERG 1958). Prinzipiell kann diese Deutung auch beibehalten werden, offenbar hat sie aber nur in einem bestimmten, für eine Ansiedlung bevorzugten Tiefenbereich Gültigkeit. So siedelten sich in unmittelbarer Nähe der Wasseroberfläche (Unterseiten der Holzplatten und entsprechender Rahmen) Balanen nur sehr vereinzelt an, obwohl hier die sonst bevorzugte Beschattung geboten war. Im anderen Fall wurde größere Tiefe trotz verminderter Lichtintensität gemieden. Hier scheint uns die Bodenvegetation, in deren Bestand die zuunterst exponierten Rahmen bereits hineingereicht haben, im Falle *Balanus* den Ausschlag gegeben zu haben. Für *Membranipora* läßt sich dagegen keine Deutung finden, da diese Art hier überwiegend epiphytisch vorkommt und in dem betreffenden Bereich durchaus existiert. Bei dem gleichfalls epiphytischen *Spirorbis* ist aus diesem Grunde der stärkere Befall gerade der untersten Plattensätze verständlich.

Nicht beeinflußt durch die verschiedenen Wassertiefen wurden u. a. die Diatomeen und *Calothrix*, die in 1 m und besonders in 2 m Tiefe somit die Hauptbesiedler waren. Die Nordseiten sind in den meisten Fällen auch von diesen Organismen stärker besiedelt worden. Bei Einschränkung oder Fortfall der ansonst kritischen größeren Formen gestattete die Zusammensetzung der Mikroflora ausgezeichnet die Unterscheidung zwischen wirksamen und unwirksamen Anstrichen. Ein Test auf dieser Basis allein ist aber selbstverständlich für die Praxis nicht überzeugend genug.

Die Prüfung ausschließlich senkrecht exponierter Anstriche bringt somit zumindest in unseren Gewässern die Gefahr mit sich, den Wirkungsgrad einer Farbe zu hoch zu veranschlagen. Testplatten in waagerechter Anordnung dagegen erfassen hier sowohl den tierischen als auch den pflanzlichen Bewuchs, den Gegebenheiten des Gewässers entsprechend, in größtmöglicher Artenzahl und Stärke. Eine solche Voraussetzung soll bei der Prüfung bewuchsverhindernder Unterwasserfarben erfüllt sein.

LITERATURVERZEICHNIS

ALEEM, A. A. (1957): Succession of marine fouling organisms on test panels immersed in deep-water at La Jolla, California. Hydrobiologia XI, No 1, 40–58.

BETH, K. (1952): Der Algenbewuchs an Helgoländer Seetonnen. Helgoländer Wissenschaftl. Meeresuntersuch. **4**, 3, 239–254.

BLIDING, C. (1934): Zur Systematik der schwedischen Enteromorphen. Bot. Not., Lund, S. 331.

CASPERS, H. (1950): Der Biozönose- und Biotopbegriff vom Blickpunkt der marinen und lymnischen Synökologie. Biol. Zbl. **69**, 43–63.

CASPERS, H. (1952): Der tierische Bewuchs an Helgoländer Seetonnen. Helgoländer Wissenschaftl. Meeresuntersuch. **4**, 2, 138–160.

FRITSCH, F. E. (1952): The Structure and Reproduction of the Algae. Vol. II. Cambridge.

GREGG, J. H. (1945): Background Illumination as a Factor in the Attachment of Barnacle Cyprids. Biol. Bull. **88**, 44.

HARRIS, J. E. (1947): Report on Antifouling Research. J. Iron Steel Inst. **154**, 297.

KINNE, O. (1957): Physiologische Ökologie — ein modernes Forschungsgebiet. Gedanken zur Problematik und Methodik der Ökologie. Biol. Zbl. **76**, 475–483.

KÜHL, H. (1948): Über die Wirkung von Kontaktinsekticiden in Bewuchsanstrichen. Verhand. der Zoologen, Kiel, S. 183.

LAKOWITZ, K. (1929): Die Algenflora der gesamten Ostsee, Danzig.

LINDSTEDT, A. (1943): Die Flora der marinen Cyanophyceen der schwedischen Westküste. Lund.

POMERAT, C. M., und REINER, E. R. (1942): The Influence of Surface Angle and of Light on the Attachment of Barnacles and Other Sedentary Organisms. Biol. Bull. **82**, 14.

PYEFINCH, K. A. (1945): Methods of Assessment of Antifouling Compositions. J. Iron Steel Inst. **2**, 229–243.

PYEFINCH, K. A. (1951): Seaweeds as Fouling Organisms. In: „Seaweed Utilisation" 146–156.

PYEFINCH, K. A. (1947): The Biology of Ship Fouling. New Biology **3**, 128–148.

RATHSACK, H. A. und RAUTENBERG, E. (1958): Untersuchungen an Schiffsanstrichen. Abh. dtsch. Akad. Wiss. Berlin, Kl. Math., Phys. u. Technik Nr. 5.

RAUTENBERG, E. (1959): Über einige für die Boddengewässer westlich Rügens bisher unbekannte Algen. Monatsber. d. Dt. Akad. Wiss. Berlin, Bd. **1**, H. 2, S. 137.

RAUTENBERG, E.: Zur Morphologie und Ökologie einiger epiphytischer und epi-endophytischer Algen. Botanica marina (im Druck).

REMANE, A. (1940): Einführung in die zoologische Ökologie der Nord- und Ostsee. „Tierwelt der Nord- und Ostsee", von Grimpe Wagler, Leipzig.

SCHEER, B. T. (1945): The Development of Marine Fouling Communities. Biol. Bull. **89**, 103–121.

SLADEČKOVA-VINNIKOVA, A. (1956): Der Aufwuchs und seine Bedeutung in der Hydrobiologie (tschechisch). Biologia **11/12**, 724–730.

TISCHLER, W. (1954): Eignung der Kulturlandschaft für experimentell-synökologische Forschung. Biol. Zbl. **73**, 297–305.

TISCHLER, W. (1950): Kritische Untersuchungen und Betrachtungen zu Biozönotik. Biol. Zbl. **69**, 33–43.

WAERN, M. (1952): Rocky-Shore Algae in Öregrund Archipelago. Acta Phytogeographica Suecica **30**, Uppsala.

WEISS, C. M. (1947): The Comparative Tolerances of some Fouling Organisms to Copper and Mercury. Biol. Bull. **93**, 56–63.

Kolibri 360 GmbH
Ferdinand-Jühlke-Straße 7
99095 Erfurt, Deutschland
produktsicherheit@kolibri360.de